河库岸坡生态建设技术

叶合欣　黄锦林　焦楚杰　罗日洪　梁越　著

中国水利水电出版社

www.waterpub.com.cn

·北京·

内 容 提 要

　　河库岸坡受水流侵蚀和水位涨落作用，会周期性地出露于水面，不可避免地被冲刷、侵蚀，甚至造成岸坡坍塌，导致生态系统破坏，影响周边生态环境，在自然条件或人工干预下均难以恢复，河库岸坡生态防护已成为世界性生态难题。本书针对复杂植生条件的河库岸坡生态治理难题，以岸坡受水流冲刷不断增强、植生载体趋向复杂为主线，介绍了植生毯、特拉锚垫、植生混凝土、植绿生态挡墙等生态坡岸防护技术，通过生物与工程措施的结合应用，为复杂植生载体条件下河库岸坡生态建设提供了解决思路。

　　本书可供水利水电工程技术人员、管理人员阅读，也可作为高校相关专业师生的参考书。

图书在版编目（CIP）数据

河库岸坡生态建设技术 / 叶合欣等著. -- 北京：
中国水利水电出版社，2024.3
ISBN 978-7-5226-2391-7

Ⅰ. ①河… Ⅱ. ①叶… Ⅲ. ①水库－岸坡－生态环境
建设－研究 Ⅳ. ①TV697.3

中国国家版本馆CIP数据核字(2024)第053569号

书　　名	**河库岸坡生态建设技术** HE KU ANPO SHENGTAI JIANSHE JISHU
作　　者	叶合欣　黄锦林　焦楚杰　罗日洪　梁越　著
出版发行	中国水利水电出版社 （北京市海淀区玉渊潭南路 1 号 D 座　100038） 网址：www.waterpub.com.cn E-mail：sales@mwr.gov.cn 电话：(010) 68545888（营销中心）
经　　售	北京科水图书销售有限公司 电话：(010) 68545874、63202643 全国各地新华书店和相关出版物销售网点
排　　版	中国水利水电出版社微机排版中心
印　　刷	天津嘉恒印务有限公司
规　　格	170mm×240mm　16 开本　14.75 印张　280 千字
版　　次	2024 年 3 月第 1 版　2024 年 3 月第 1 次印刷
印　　数	001—800 册
定　　价	**80.00 元**

　　河库岸坡受顺坡及顺岸水流的侵蚀作用，而且因季节性水位涨落，周边被淹没岸坡会周期性地出露于水面。因此，在多重因素影响下岸坡有被冲刷、侵蚀的风险，甚至造成岸坡坍塌，致使河库滨岸带脆弱的生态系统遭到破坏。而且人类活动的加剧，如水利工程建设对环境造成的改变、河道治理形成的两岸裸露边坡、水库修建形成的消落带等，均会导致河库岸坡生态系统遭受一定程度的破坏，影响周边生态环境。由于不同河库岸坡水流流速不同，地质条件千差万别，岸坡遭受冲刷严重程度也存在差异，还有岸坡稳定、用地受限及大量采用传统硬质护坡等问题。在这些复杂植生环境下，河库岸坡生态防护的难度更大，这已经成为世界性生态难题。

　　生态治理是河库岸坡生态建设的关键路径。随着经济社会的发展和人们生态意识的提高，河库岸坡治理更加注重生态景观建设，强调环境和绿化效果。绿水青山就是金山银山，改善生态环境就是发展生产力。良好的生态本身蕴含着无穷的经济价值，能够源源不断地创造综合效益，实现经济社会可持续发展。新时期国家大力推动生态文明建设，倡导绿色低碳发展，努力构建人与自然和谐共生的新局面，以满足人民群众对美好生活的需求。近年来，河库岸坡生态环境的整治力度不断加大，岸坡生态建设技术已经成为水利与环境相结合的重要技术领域，在发挥护坡、固坡作用以及减少水力侵蚀的同时，生态多样性以及景观和环境美化的效果更加凸显，河库岸坡的治理不仅要考虑稳定性，还要重点考虑生态性。现有的河库岸坡生态建设或改造的各类技术，均具有一定的局限性，例如，很难达到既能满足岸边坡表层稳定的要求，又能恢复被破坏的自然生态环境效果。因此，有必要在确保河库岸坡工程安全的前提下，通过生物与工程措施的结合应用，在生态岸坡建设方面开展深入的试验和研究，不断提高复杂植生载体条件下河库岸坡的生态和环境质量。

本书研究的复杂植生条件的河库岸坡，是指植物难以自然生长或长势差、达不到生态效果的河库岸坡。根据不同情况可划分为 4 类：①河道水流流速低、冲刷相对不严重的河库岸坡；②河道、水库消落带岸坡；③受水流冲刷较严重的河库岸坡；④河势复杂、迎流顶冲，或用地受限的河道岸坡。针对以上 4 类复杂植生条件的河库岸坡生态治理难题，本书根据不同类型河库岸坡的生态治理及防护要求，开展了植生毯、特拉锚垫、植生混凝土、植绿生态挡墙等生态坡岸防护技术研究，取得了一系列创新性成果，并在三峡库区、珠江水系等的河库岸坡治理工程中得到推广应用，为岸坡生态建设提供了技术支撑，是促进绿色低碳发展的有益实践，是落实尊重自然、顺应自然、保护自然的具体体现，具有十分重要的意义。

本书得到了国家自然科学基金项目"高性能透水混凝土的制备技术与关键性能研究（52378226）"、广东省自然科学基金项目"高性能透水混凝土的增强与疏堵机理研究（2022A1515010038）"、广东省水利科技创新重点项目"河湖水系生态堤岸的植生混凝土成套技术（2017－32）"、广东省普通高校特色创新项目（自然科学）"河道挡墙生态改造技术研究（2019GKTSCX048）"、广州市教育局高校科研项目"高性能透水混凝土研发与工程应用（202235263）"及众多企业科技项目的资助。

在本书编写过程中，得到了广东水利电力职业技术学院、江门市科禹水利规划设计咨询有限公司等相关单位及专家的大力支持和帮助，同时参考了大量文献资料，在此一并致以衷心的感谢！

限于水平和时间，书中疏漏和不足之处在所难免，敬请读者批评指正。

作者

2024 年 1 月于广州

CONTENTS 目录

第1章

绪　论

1.1　研究背景

河库岸坡受降雨径流的冲刷侵蚀影响，且降雨入渗造成孔隙压力增加，岩土体的抗剪性能下降，稳定性下降，容易发生滑坡、崩岸等地质灾害。河库岸坡还会受顺坡及顺岸水流的冲刷和侵蚀作用，而且因季节性水位涨落，岸边被淹没土地周期性地出露于水面，在多重因素影响下的岸坡有坍塌的风险。此外，河库岸坡作为一种特殊的水陆交错环境区域，水位涨落引起的反复周期性裸露和浸泡会促使滨水岸坡的地形、土壤和水分状况发生一系列的变化。加之在人类各种生产活动作用下，以及大量建设的传统硬质护岸方式的弊端逐渐显露出来，河库岸坡的植物难以自然生长或缓慢生长，达不到生态效果，致使滨岸带脆弱的生态系统受破坏，河道的功能衰退，河库水质下降，区域生态环境恶化。河库岸坡的稳定性和生态性越来越成为人们关注的重点，相较于传统边坡治理工程而言，河库岸坡的治理难度更大，特别是其生态防护已经成为世界性生态难题。

随着经济社会的发展及人们生活质量的提高，河库岸坡生态环境的整治力度不断加大。作为一项特殊的治理工程，河库岸坡的治理需要统筹考虑稳定性和生态性需求。如何对河库护岸进行生态化建设或改造，达到既能满足岸坡表层稳定的要求，又能恢复被破坏的自然生态环境的效果，是目前研究的一个重点和难点问题。目前，生态护坡技术已经成为水利与环境相结合的重要技术领域，一些新的措施和技术在水利、交通及其他行业得到应用，在发挥护坡、固坡作用，减少水力侵蚀的同时，生态多样性以及景观和环境美化的效果更加凸显。因此，有必要在确保河库岸坡安全的前提下，通过生物与工程措施的结合，开展河库岸坡生态建设的试验和研究，进一步改善河库岸坡的生态和环境质量。

1.2　研究意义

　　绿水青山就是金山银山，改善生态环境就是发展生产力。良好生态本身蕴含着无穷的经济价值，能够源源不断创造综合效益，实现经济社会可持续发展。党的十八大把生态文明建设纳入中国特色社会主义事业总体布局，使生态文明建设的战略地位更加明确。党的十九大、二十大提出，建设生态文明是中华民族永续发展的千年大计，把坚持人与自然和谐共生作为新时代坚持和发展中国特色社会主义基本方略的重要内容，把建设美丽中国作为全面建设社会主义现代化强国的重大目标，把生态文明建设和生态环境保护提升到前所未有的战略高度。

　　本书项目组在多个纵向科研基金和企业科技项目的支持下，历经十余年攻关，系统研究了不同类型河库岸坡的生态治理及防护要求，在此基础上，针对性地开展了植生毯、特拉锚垫、植生混凝土、植绿生态挡墙等生态护坡技术研究，具体包括以下内容：

　　（1）在水流流速较低、冲刷相对不严重的河库岸坡区域，开展植生毯生态护坡技术的研究及应用。与传统的直接播种、草种或草皮移植相比，植生毯生态护坡技术可以实现工厂化定制，不占用耕地资源，在现场可以快速铺设，施工方便快捷，可起到护坡固土、环境绿化及防水流冲刷等作用。

　　（2）对于库岸和河道水位变动、受冲刷侵蚀影响较严重的消落带区域，开展特拉锚垫生态护坡技术的研究及应用。特拉锚垫能够防护河库岸坡土体免受水体侵扰并提供有效的锚固力，在水位变动带岸坡上形成稳定的结构面，植物修复完成后可形成湿地环境。

　　（3）在水流流速更高、河库岸坡对水流冲刷防护要求更加严格的区域，例如受水流冲刷较为严重的斜坡式土质岸坡，开展植生混凝土生态护坡技术的研究及应用。植生混凝土为多孔混凝土，具有一定的强度，抗冲刷性能强，能够为植物和微生物提供栖息场所，透气性高，有利于被防护土体与空气间的湿热交换，还能利用混凝土间孔洞种植植物实现河库岸坡生态功能。

　　（4）对于流速大的迎流顶冲岸段、岸坡稳定性不足或用地受限的城市河道岸坡，开展植绿生态挡墙技术的研究及应用。植绿生态挡墙可以是采用植绿结构型式的新建硬质挡墙，也可以是进行生态化改造的既有硬质挡墙型式，通过植绿措施增强河库岸坡的生态及景观效果。

　　此外，本书还研究了雨水资源利用及植物选择、种植和浇灌等技术，通过对复杂植生载体条件下河库岸坡生态建设关键技术的研究，取得了一系列创新性成果，并在三峡库区、珠江水系等河库岸坡治理工程中得到推广应用，为岸坡生态建设提供了技术支撑。

1.3　研究现状

1.3.1　植生毯及特拉锚垫生态防护技术

1.3.1.1　植生毯生态防护技术

在导致河库岸坡消落带冲刷的诸多因素中，水流的作用占重要地位，近岸水流的冲刷力是引起河岸冲刷的一种主要作用力。消落带的土壤侵蚀过程比较复杂，治理与保护的难度较大，缺乏高效简便的治理技术。

植生毯技术最初由日本提出，发展至今已有 60 余年的历史。我国引进的时间较短，就目前应用情况来看，以植生毯技术为代表的生态防护修复行业企业分布总体呈现小而散的局面，尚未有产业资本布局，多数企业无专业化生产线，缺乏规模化产品生产和专业化施工养护能力，在适用场景、性能品质和技术升级改造方面存在很多问题。在应用技术研究方面，国内起步较晚，近十年才开始有相关研究成果。

2011 年，申新山等首次对环保型椰纤维植被毯作用和优势进行了阐述，介绍了新型环保椰纤维植被毯在生态治理中的推广应用情况。

2012 年，张海彬以安徽六安—岳西高速公路二标边坡防护工程为例，介绍了生物活性无土植被毯在高速公路边坡防护工程中的应用，描述了利用生物活性无土植被毯进行边坡防护的原理、适用范围、材料结构及优点，阐述了生物活性无土植被毯边坡防护的施工工艺和施工要点。

2014 年，岳桓陛等采用侵蚀槽填土布设不同质量、不同材料（麦秸秆、椰丝纤维）的植被毯，模拟施加措施的公路边坡，并设置无覆盖对照组，使用侧喷式人工降雨仪器进行降雨试验，测定不同时段径流量和入渗量的变化，评价边坡绿化中植被毯技术保水效益。

2015 年，林恬逸等以筛选出的适合屋顶绿化的百里香（*Thymus mongolicus*）、垂盆草（*Sedum sarmentorsum*）、"胭脂"红景天（*Sedum spuriumcv Coccineum*）、反曲景天（*Sedum reflexum*）和白花点地梅（*Androsace incana*）5 种植物材料，运用对比试验法，以椰丝垫作为基底材料，进行多种植物配植的植被毯试验。

2017 年，袁清超等为研究石质边坡生态植被毯防护坡面的水土保持效果，在某高速公路施工现场软弱岩石边坡、碎石边坡段设置植被毯防护区和自然撒播草籽防护对照区，分不同时段对各区植被覆盖度、根系土壤根密度、崩解时间、地表径流量及土壤流失量等与水土保持相关的参数进行了测定，并对实测数据进行了对比分析。

2018 年，马贵友介绍了水保植生毯在坡面保护中的应用，指出水保植生毯以其施工简易、造价低廉、绿化效果好等特点而在生态治理新技术脱颖而出，是防止雨水冲刷、抑制水土流失和环境生态化的完美结合，并对水保植生毯技术及原理进行了简介。通过对设计、施工注意事项的说明及应用效果分析，为护坡生态化治理提供了一种新的选择。

2019 年，郭宇等以内蒙古清水河县段兰窑流域黄土边坡为研究区，采用 3 种植被毯措施：豆科植物和禾本科植物混播（以下简称豆禾混播）比例为 1∶1＋椰丝毯（L1G1）、豆禾混播比例为 1∶2＋椰丝毯（L1G2）和豆禾混播比例为 2∶1＋椰丝毯（L2G1），在 30°、35°、40°和 45°边坡设置径流小区，分析该区域不同自然降雨条件和坡度对边坡产流与产沙量的影响。

2020 年，姚凯等基于自主研发的黄土加固有机材料，并结合生态要求，提出有机材料-三维植生毯黄土护坡技术，通过人工模拟降雨试验，分析有机材料固化黄土护坡和有机材料-三维植生毯护坡对黄土侵蚀特征和坡面产流产沙的影响，对比评价其抗侵蚀能力。

2021 年，徐剑琼等以适用于华南地区轻型屋顶绿化植被毯营建的假紫万年青（*Belosynapsis ciliata*）和铺地锦竹草（*Callisia repens*）2 种匍匐茎植物作为试验材料，以无纺布、废弃地毯、三维网作为基底材料，其上分别铺设 4 种不同厚度的基质进行植株生长观测，研究华南地区 2 种鸭跖草科植物轻型植被毯种植技术。

2022 年，孙义秋为了探究植被毯在植被恢复早期的浅沟侵蚀防护效果，为黑土农田浅沟治理提供科学依据，以黑土耕作层土壤为研究对象，通过室内模拟汇流冲刷试验，定量分析了植被毯在不同汇流强度下对农田浅沟侵蚀产流产沙的影响。

从上述研究可以看出，由于制作材料的差异，植生毯与植被毯是不同的两种产品，植生毯应用于陆上边坡防护、水土保持、地面和屋顶绿化的研究成果较多，河库岸坡防护的研究成果极少，且目前单个工程的应用总结相对多，缺乏系统性的应用技术标准指导。此外，由于河库岸坡植被受水流冲刷影响，植生毯用于河库岸坡治理工程中水力适用条件的相关研究缺乏。

1.3.1.2　特拉锚垫生态防护技术

特拉锚垫生态防护技术是一种新型的水库消落带生态修复技术，包括 3 部分：反滤垫、草皮增强垫和特拉锚。特拉锚垫生态修复技术是加筋草皮护坡的一种，相比其他的加筋草皮护坡，其特点在于特拉锚垫护坡技术拥有自有专利的特拉锚，特拉锚能对浅层土体进行加固，在保证浅层土体稳定性的同时将反滤垫与草皮增强垫紧紧固定在岸坡表面。随着植被的生长，植物根系穿过反滤垫与土体结合，土里的根系将会增加根-土复合体的抗剪强度，并且边坡中有根系护坡将会提高其安全系数，可以进一步增强浅层土体的稳定性。特拉锚垫生态防护技术将生态恢复与边坡的浅层稳定性有机结合，实现植被恢复前后不同阶段的护坡，适用于水上水下的多种坡度的土质岸坡的护坡。

2020 年，赵航等认为相较于其他生态护坡，特拉锚垫修复技术的优点较为突出。特拉锚垫修复技术采用垫子将土壤固定住，减少水流对土壤的冲刷，为植被提供生长基质，并对生长的植被进行保护，增强岸坡的抗冲刷性能。

2020 年，田鹏等通过物理模型分别模拟岸坡在特拉锚垫防护结构、裸土段的渗流情况进行对比试验，设置若干观测点，监测位移情况，并通过室外拉拔试验、室内水槽试验对一种新型护岸结构特拉锚垫进行研究，分析特拉锚垫结构力学性能及防护效果。结果表明：特拉锚索最佳深度为 1.2m，草皮增强垫抗撕裂力为 1.78kN。室内水槽试验结果：裸土段水土流失率达 20%，特拉锚垫段不到 8%，表明特拉锚垫防护结构对于土壤侵蚀和水土流失有较好防护治理效果。

2021 年，袁海龙等提出传统斜坡生态护岸和特拉锚垫生态护岸 2 种方案，并从施工工艺、护岸效果、生态恢复效果、施工周期、施工场地条件和后期养护成本共 6 个方面对比了 2 种方案的优缺点。结果表明，特拉锚垫生态河道系统护坡方案因其施工工艺简单、植物易活绿化覆盖率高、满足岸坡对江水侵蚀作用的防治需求等优势，更适合类似下洛碛库段消落带的江河湖泊和库区消落带土质和硬质岸坡的生态修复需求。

2022 年，喻紫竹以重庆广阳湾片区长江区域为例，进行消落带治理方案的研究，采取"生态固土网垫＋植被"相结合的方法保持岸线的稳固性，同时植被生长后形成滨水景观带，形成多层次、结构复杂的消落带复合林泽系统。结果表明，土壤保持率达 98% 以上，工程实施效果良好。

2023 年，付旭辉等以三峡库区土质岸坡为研究对象，针对新型生态护坡结构——特拉锚垫护坡的特点，采用室内概化模型试验，研究特拉锚垫在渗流作用下的防护性能。通过渗流作用下的水流冲刷试验，分析特拉锚垫的保土抗冲性能。试验结果表明：特拉锚垫具备明显的抗侵蚀性能；无渗流条件下水流侵蚀强度平均减小 83.15%，在渗流作用下水流侵蚀强度平均减小 88.15%。

1.3.2 植生混凝土生态护坡技术

在河道整治、库岸治理等工程的修建与恢复中，植生混凝土以其优异的生态效应得到了世界各国材料科学、环境科学与水利科学工作者的重视，自20 世纪 80 年代以来，逐渐发展成为一个新的研究领域。

20 世纪 90 年代，日本混凝土工程协会成立了"生态混凝土研究委员会"。该委员会以生态护岸植物混凝土为主要课题开展研究，并制备出孔隙率为22％～26％、抗压强度大于 10MPa、适于生态护岸工程的植生混凝土。

2004 年，Park et al. 在实验室发现，植生混凝土对磷有很好的去除效果，孔隙率越高，净水效果越好，并指出粗骨料粒径为 5～10mm 的植生混凝土的净水效果优于粗骨料粒径为 10～20mm 的植生混凝土。

2010 年，Chunqi Lian et al. 研究了水灰比对植生混凝土强度的影响。研究表明，水灰比对植生混凝土强度有明显的影响，不同的胶凝材料制备的植生混凝土具有不同的最佳水灰比范围，大于或小于最佳水灰比，都会降低植生混凝土强度。

2011 年，Sumanasooriya et al. 研究了外加剂对植生混凝土强度、孔结构和透水性的影响，得出粉煤灰的加入会降低植生混凝土的抗压强度和透水性，同时改善孔结构的结论。

2017 年，HH Kim et al. 采用增强纤维和丁苯胶乳提高多孔植被混凝土的强度，并利用高炉矿渣集料提高 CO_2 的减排效果，分析和评价了纤维增强、掺锑乳胶、矿渣骨料对多孔植被混凝土抗压强度和 CO_2 排放的影响。研究结果显示，水泥的 CO_2 排放量最高，其次为骨料、掺锑乳胶和纤维。高炉矿渣集料与普通硅酸盐水泥相比，具有 30％或更多的 CO_2 减排效果，而高炉矿渣水泥比硅酸盐水泥具有 78％的 CO_2 减排效果。

2018 年，Tang et al. 分析和介绍了在不同掺合料组成下的多孔混凝土上种植各种澳大利亚本土禾本科植物的结果，研究了不同粉煤灰掺量对多孔混凝土抗压强度、抗拉强度和弹性模量的影响，监测了 8 周内植生混凝土草坪的生长特性，观察了草坪的平均高度、相对覆盖度和根系发育情况。结果表明，所测多孔混凝土的抗压强度和抗拉强度与目前常用的护坡方法具有可比性和相似性，与其他两种试验牧草相比，绿茎草对混凝土环境的适应性较好。

我国在植生混凝土方面的研究起步较晚，目前植生混凝土依然没有规范统一的配合比设计方法，对混凝土内部孔隙碱环境也缺乏合理有效的改善方法。国内许多学者对植生混凝土的制备工艺、配合比及其性能等做了一系列研究，并取得了一定的成果。

2003 年，奚新国等对低碱度生态混凝土进行了初步研究，制备了以粉煤灰为主要原料的低碱度生态多孔混凝土。实验室制备的多孔混凝土 90d 的酸碱度为 9.0～10.5，孔隙率为 27.74％，90d 的抗压强度为 0.72～1.70MPa。

2005 年，魏涛等开发了一种砌体防护和生态防护相结合的植生混凝土公路护坡技术。植生混凝土的抗压强度为 7.0MPa，抗折强度为 1.7MPa，平均孔隙率为 29.6%。利用多孔混凝土作为植物生长的载体，在多孔混凝土边坡上种植草和浮萍植物，达到公路景观绿化美化的效果。

2006 年，蒋友新等依据植物生长所需条件，研究了植生型多孔混凝土的配合比及其物理力学性能。结果表明：多孔混凝土的抗压强度随水胶比的增大而增大，随灰骨比的增大而增大，随骨料粒径的减小而增加。合适的植生型多孔混凝土配合比为：水胶比 0.36，灰骨比 0.17；骨料级配为 5~10mm 的占骨料总量的 20%，15~20mm 的占骨料总量的 80%。

2009 年，杨久俊等讨论了再生骨料植生混凝土的配合比设计和制备工艺，并对高羊茅和蓝草进行了植物相容性试验。结果表明：再生骨料用量为 10~20mm，水灰比为 0.28，浆骨比为 0.20，硅粉含量为 5%，混凝土设计强度为 10MPa，孔隙率为 25%，酸碱度低于 12，混凝土厚度为 6cm；高羊茅能穿透混凝土层，并在室外环境中生长良好。

2011 年，黄剑鹏等研究了多孔混凝土厚度、矿渣掺量、水灰比对植生混凝土抗压强度力学性能的影响。试验结果表明：多孔混凝土厚度过大或过小时，其抗压强度相对较低，植生混凝土厚度宜控制在 10~15mm；且植生混凝土的抗压强度随矿渣掺量、水灰比的增大均呈先高后低的趋势，当矿渣掺量在 10% 时最佳。

2013 年，颜小波以硬石膏、硫铝酸盐水泥熟料等为材料，通过裹浆法搅拌工艺和插捣以及振动与压制相结合的成型工艺，制备出多孔生态混凝土。用低碱度胶凝材料制备的多孔生态混凝土与普通硅酸盐水泥制备的多孔生态混凝土相比，其干缩性能差，抗冻性能弱，抗硫酸盐侵蚀性能差。但由于其早期强度高、碱度低，是制备多孔生态混凝土的理想胶凝材料。

2015 年，王永海等针对植物生长混凝土多孔环境中 pH 过高，不适合植物生长这一技术难点，进行了大量的试验研究。试验结果表明，通过降低水胶比、加入矿物外加剂和混合酸料，难以抑制硬化水泥浆体泄漏，而硬化水泥浆体表面处理可以有效抑制碱性物质。

2016 年，高文涛用碳酸氢铵、磷酸二氢钾和磷酸二氢铵配制了不同浓度的复合降碱溶液，并研究了各浓度复合降碱溶液对植生混凝土 pH 和抗压强度的影响。试验结果表明：复合降碱溶液不仅能有效降碱，还能在一定程度上提高植生混凝土抗压强度。

2018 年，Li et al. 为提高再生骨料植生混凝土的释肥量，优化了 PC - RADC 的制备工艺和配合比，结果表明：PC - RADC 孔隙率、透水率和 28d 抗压强度分别提高至 40.9%、2.88cm/s、6.5MPa，为提高 PC - RADC 的释废量奠定了基础。尿素掺加量为 $4.4kg/m^3$ 时，PC - RADC 的 28d 氮素释放速率提高了 72.1%，pH 约为 8.2，具有较为稳定的孔隙碱度，为植物生长提供了适宜的环境。

2019 年，赵敏将不同质量的生物炭掺入混凝土中，研究其孔隙率、渗透性和植物相容性的变化趋势。根据 3 种常见草种的生长状况，选择黑麦草作为本研究的最佳草种。随着生物炭含量的增加，植被混凝土的孔隙率和渗透系数不断减小，而生物炭对植物生长的促进作用开始达到最大值，然后逐渐减小。当生物炭含量为 $5kg/m^3$ 时，黑麦草生长最好。与不添加生物炭的植物混凝土试验组相比，第 25 天的株高、根长和发芽率分别提高了 22.2%、21.1% 和 12%，抗压强度也略有提高。

上述研究虽然针对植生混凝土的制备、性能、植生性等方面进行了探索性研究，但并未形成植生混凝土在岸坡生态建设中应用推广的系统理论与技术，因此，非常有必要开展更加细致、全面的研究，以促进植生混凝土在工程领域中的广泛应用。

1.3.3　植绿生态挡墙技术研究现状

在河道整治、库岸治理等工程中，除了要求岸坡稳定，同时还要求具有生态功能。国外发达国家在生态护坡技术方面的研究已有很长的历史，并已广泛应用于受损河流护岸的治理中。1938 年，德国 Seifert 首先提出"近自然河溪整治"（near natural torrent control）的概念，即是指能够在完成河流治理的基础上可以达到接近自然景观的治理方案。20 世纪 50 年代，德国正式创立了"近自然河道治理工程学"，在工程设计上强调要应用生态学的原理和知识，使河流的整治符合植物化和生命化的原理；1971 年，Odum 首次提出生态护岸（ecologicalriparian）的概念，他认为生态护岸应是以自然的经营管理为理念的一种护岸，在解决环境问题的过程中应该运用生物学和生态学的原理和技术作为解决问题的基本方法。20 世纪 90 年代初，有关学者提出了坡面生态工程（slope eco - engineering，SEE）或坡面生物工程（slope bio - engineering）的概念，认为坡面生态工程是指以环境保护和工程建设为目的的生物控制或生物建造工程，也指利用植物进行坡面保护和侵蚀控制的途径与手段；研究成果还证明河岸植被带的过滤功能可以明显滞留并减少氮、磷含量，为此，这一生态理念得到了大规模的实践应用，例如，日本在 20 世纪 90 年代开展了创造多自然河川计划，并推出了植被型生态混凝土护岸技术；美国曾采用可降解生物纤维编织袋装土构建成台阶岸坡并种植植被，实践表明这种工程技术具有可靠的抗洪水能力；一些发达国家采用了近自然河道设计技术，拆除以往护岸工程上使用的硬质材料，建设生态型护岸工程。生态型河道建设在国外经过 70 余年的发展，已形成了较为成熟的理论体系和完整的技术框架，在河道治理中发挥了卓越的功效。

我国近年来也逐渐认识到硬质护岸对河流生态系统的危害，开始结合国内现有河道的整治现状，倡导和推广河道生态建设理念。因此，生态挡墙在涉水工程中的应用越来越多，国内科学技术人员对其进行了大量的研究工作。

2014 年，李丰华等认为航道建设中的挡墙需改变原有非生态的结构型式，尽可能地实现生态化、人性化、景观化等多功能目标，重点阐述了几种应用于航道整治护岸工程中的生态挡墙的结构及应用，探讨了生态挡墙在航道护岸工程中的发展前景。

2017 年，孟良胤等以浙江省瓯江治理工程景宁县鹤溪河治理工程为案例，研究石笼网生态挡墙的结构和特性及其施工技术，分析石笼网生态挡墙的应用效益，探讨石笼网生态挡墙在各类工程领域中的应用前景。

2018 年，邵俊华对自嵌式植绿挡墙的具体施工工序以及工艺流程进行了分析，提出了自嵌式植绿挡墙施工质量的控制手段，以提高施工效率，环境效益和经济效益显著。

2018 年，陈萍等以实际工程为例，对退台式透水混凝土砌块挡墙在西北高寒高海拔地区的适应性进行了一定的探索，阐述了透水混凝土砌块挡墙技术的原理与施工要点，介绍了设计思路、施工工艺，分析了应用前景。

20 世纪 60 年代，西方发达国家已经逐渐开始认识到硬质护坡对河流生态系统的危害，并开始将生态学原理应用于河道治理工程。20 世纪 90 年代，德国、法国、瑞士、奥地利、荷兰、美国、日本等国家都大规模拆除混凝土河道，对其进行生态重建。虽然传统的硬质护岸生态功能性较差，但全部拆除混凝土护岸重建生态河道，从经济、防洪安全和空间的角度看，需要付出较大的代价，而且拆除混凝土后产生的建筑垃圾也会出现新的环境问题，这种做法仍然值得商榷，不应该盲目效仿。我国近年来也逐渐认识到硬质护岸对河流生态系统的危害，开始结合国内现有河道的整治现状，倡导和推广河道生态护坡，针对河道的特点和修复目标，利用生态护岸技术对原有岸坡进行生态改造。

2009 年，谢三桃等认为硬质护坡的存在严重影响了城市水环境质量的改善和生态景观的提高，同时造成人与自然的发展不协调，需要深入探讨城市河流硬质护岸的生态修复理论和技术。在着重探讨国内外对于河流生态修复概念与内涵研究的基础上，针对硬质护岸给城市河流生态环境造成的影响，分类介绍了硬质护岸生态修复的代表性的技术和方法，分析了这些技术的适用范围。

2009 年，李新芝等通过对城市河道直立式护岸的由来、优缺点的分析，提出城市河道直立式护岸规划原则：护岸稳定性、提升环境和生态水平以及景观美化。认为可通过种植攀缘植物、水生植物，或用天然块石对混凝土护岸进行修饰等途径规划直立式护岸，同时，提出从当前先进的生态护坡技术中筛选出仿木桩护岸等 5 种适宜于直立式护岸的技术，并构建出藤本植物与水生植物相结合等 5 种直立式护岸改造规划模式。

2011 年，顾海华等结合河道整治工程与生态护坡技术经验，阐述了生态护坡内涵不仅具有景观效果，还能修复污染水体，提高河流自净能力；介绍了在生态工程中已经得到应用的护坡技术，植物护坡可利用水力喷播在难以施工的坡面上种植草坪，分析格宾网石笼护坡、生态袋护坡、连锁式铺面砖护坡的适用性，为城市生态护坡提供了参考。

2013 年，金晶等认为湖滨带是水陆生态交错带，具有较高的环境、生态、经济及美学价值，但近些年来，由于缺乏合理的生态规划意识，多数湖岸的建设与改造忽略了直立式驳岸对湖滨带生态环境的影响，造成湖滨带退化，水生植物消失，生物群落丧失，湖岸生态环境日趋恶化。结合直立式驳岸带来的水生态环境日趋恶化现状，分析了水位多变、风浪较大型湖泊直立式硬质护岸湖滨带构建难点，提出创新设计的新型阶梯形植物床，并结合生物消浪防浪技术，综合考虑生态、经济及景观美学价值，探索出新型构建模式。

2013 年，吴凤环构建人工河道装置模拟直立式混凝土护岸，研究蚝壳、竹片、椰壳纤维垫 3 种材料及蚝壳的不同布设方式对直立式混凝土护岸生态化改造的效果。考察了不同材料和布设方式下水质净化效果、微生物量及生物活性的差别，以水质净化能力和生物量 2 个指标表征这种改造方法对护岸生态化的效果。利用蚝壳、竹片和椰壳纤维垫覆盖模拟河道护岸，可有效地去除水中有机物、氮磷等营养物质，促进水中悬浮和附着生物的生长，对护岸生态化有一定效果。

2012 年，马俊对内河护岸工程使用的三大类材料——天然材料、混凝土类材料和土工合成材料的护岸效果进行分析，探讨了护岸材料对环境的影响，认为天然材料的块石、卵石耐久性好，木桩、梢料和竹类有较好的生态效应，但耐久性差；透空式的混凝土护岸比面板式混凝土护岸的环境接受性好，利于生物生存，土工合成材料可直接护岸，用于结构防渗和过滤，但容易老化，并从使用性、工艺性和绿色性对护岸材料进行评价。

以上研究有些是提出了多种生态护岸建设和改造模式及其使用范围，但未进行深入系统的论证和研究；有些有具体的应用案例，但要进行广泛推广仍需进一步研究。

1.3.4 雨水资源化利用及植物浇灌技术研究现状

1.3.4.1 雨水资源化利用

雨水资源化利用是指在城市区域采取拦蓄、储存、回灌、利用等方式，以工程或非工程手段，达到雨水的收集、处理和再利用，并产生经济、社会及生态环境效益的过程。不同于传统雨水简单的收集利用，城市雨水资源化利用不仅是对雨水的合理收集、调蓄和净化后的直接利用，还包括利用各种渗透设施促进雨水下渗等，从而有效缓解城市水资源紧缺问题。同时，实施城市雨水资源化利用还可以缓解洪涝灾害以及雨水径流导致的面源污染，从而改善水环境和水生态。相关资料表明，在可用水资源迅速减少的情况下，雨水收集是城市区域获取淡水最便捷的方式之一。

我国城市雨水资源化利用的研究和发展起步于 20 世纪 90 年代，相比英国、德国、美国、澳大利亚、新加坡等国家，发展起步较晚。但是在过去 30 多年我国城市化高速发展过程中，城市雨水资源化利用发展迅速。我国城市开展雨水资源化利用的最初驱动因素是城市雨水资源短缺，为此一些水资源短缺的严重的城市借鉴我国古代的雨水收集利用经验在城市开展雨水收集利用的探索。我国政府开始关注城市雨水资源化利用发展，中央和地方政府出台了一系列雨水资源化利用相关的政策。国内外学者也围绕城市雨水资源化利用的方法和技术开展研究，陆续制定了一系列国家标准和地方标准，指导我国城市雨水资源化利用的标准化建设和发展。近年来我国提出了海绵城市假设理念，并在一些城市开展海绵城市试点建设，雨水资源化利用方案作为重要的海绵城市措施，在海绵城市试点城市得到推广和应用。

雨水资源化利用的方式归纳为 3 类：雨水直接利用、雨水间接利用、雨水综合利用。雨水直接利用主要指对屋面及不透路面等地表雨水进行收集、蓄积、处理与回用的利用措施；雨水间接利用指对自然渗透设施或人工辅助渗水设施的合理利用以达到雨水入渗回补地下水的目的，可改善水环境和水生态；雨水综合利用是将各种雨水资源化利用措施进行组合优选、集成优化，相当于雨水直接、间接利用的加和，但其组合效益大于单个雨水资源化措施。海绵城市建设中的雨水资源化利用多以综合利用为主。

雨水直接利用是将雨水资源收集后利用，其核心部分是具有雨水储存和处理的基本功能的雨水箱（或称蓄水池）。通常集水区是可以连接蓄水池的建筑屋顶或其他不透水面。在降雨期间，产生的径流通过收集系统输送到蓄水池临时储存，以满足雨水利用需求。雨水直接利用技术主要包括屋面雨水资源化和不透水路面雨水资源化利用两种措施。

不透水路面雨水资源化利用指对不透水路面的降雨径流进行收集、存储、处理和利用。路面雨水经由雨水箅子、雨水管道等配水系统进入初期雨水弃流装置，实现初期雨水弃流，后期的雨水进入沉淀池、过滤池以及其他雨水处理装置，通过分散或集中过滤除去径流中颗粒物质，然后将水引入蓄水池贮蓄。经过处理达到水质标准的路面雨水通常作为喷洒路面、绿地用水、景观用水、洗车、消防及其他用水的补充水源等。设置雨水调节池能有效地调节雨水排放，在强降雨天气起到防洪作用，还可以提高雨水水质并使更少的雨水进入市政管网。路面雨水的收集还可有效结合道路绿化带对污染物进行初步截留并完成道路雨水初步渗透，例如，设计道路高程以下的植被浅沟、低式绿地，道路雨水径流进入两侧高程较低的绿化带，再由绿地内雨水口收集，或采用下凹式绿地蓄渗截留，富余雨水可经上凹式雨水箅子收集。

1.3.4.2　植物浇灌技术

园林植物作为景观的重要影响因素，其生长的质量决定了景观的效果。水是生命起源的先决条件，没有水就没有生命。园林植物生长质量好坏离不开水分，传统的园林植物浇灌不仅对水的利用率比较低，还导致大量水分的浪费和成本的较高，先进的浇灌技术在园林植物绿化中的应用对于植物营养需求和土壤环境有很好的调节作用，同时也减少了水分的消耗以及植物养护成本，改善了园林植物的生长环境，使景观效果更好。

园林植物浇灌的方式有地面灌溉、喷灌、滴灌、地下灌溉以及其他灌溉等，具体如下：

（1）地面灌溉的设备少，投资少，成本低，是生产上最为常见的一种传统灌溉方式，包括漫灌、树盘灌水或树形灌水、沟灌、渠道畦式灌溉等。地面灌溉虽简单易行，但灌水量较大，容易破坏土壤结构，造成土壤板结，而且耗水量较大，近水源部分灌水过多，远水口部分却又灌水不足，所以只适用于平地栽培。为了防止灌水后土壤板结，灌水后要及时中耕松土。

（2）喷灌又称为人工降雨，是利用喷灌设备将水分在高压下通过喷嘴喷至空中降落到地面的一种半自动化的灌溉方式。喷灌可以结合叶面施肥、药物防治病虫害等管理同时进行，具有节约用水、易于控制、省工高效等优点，不破坏土壤结构，能冲刷植株表面灰尘，调节小气候，适用于各种地势。但其设备投入较大，在风大地区或多风季节不能应用。应用喷灌方式灌溉时雾滴的大小要合适。喷灌有固定式、半固定式和移动式 3 种方式。大乔木树冠多采用固定式灌溉系统。树冠下灌溉一般采用半固定式灌溉系统也可采用移动式喷灌系统。草坪的喷灌系统多安装在植株中间，以避免花朵被喷湿。

（3）滴灌是直接将水分或肥料养分输送到植株根系附近土壤表层或深层，是自动化与机械化结合的最先进灌溉方式，具有持续供水、节约用水、不破坏土壤结构、维持土壤水分稳定、省工省时等优点，适合于各种地势，其土壤湿润模式是植物根系吸收水分的最佳模式。

（4）地下灌溉是将管道埋在土中，水分从管道中渗出湿润土壤供水灌溉，是一种理想的灌溉模式。该法具有根系吸水、减少水分散失、不破坏土壤结构、水分分布均匀等优点。但由于管道建设费用高、维修困难，目前该方法正逐步被替代。

（5）其他灌溉方式。目前，针对园林植物浇灌有一些新的应用形式，具体如下：

1）太阳能浇灌系统主要是依靠太阳能进行浇灌的系统。太阳能板可以提供电泵的动力，驱动其抽取附近的溪水等存到水缸中；之后再将溪水泵到洒水器里；最后进行植物浇灌。雨水探测器会在雨天时自动关闭浇灌系统，太阳能浇灌系统比较适合没有自来水供应的地区使用。

2）总线浇灌系统主要是通过总线的方式把所有测控终端接入。每一个自动终端可以自己进行简单的浇灌和判断，之后把数据汇总到中央计算机，由中央计算机进行统一数据存取、调度等。专家可以根据汇总数据对浇灌进行指导，这种浇灌方式成本低，充分利用了现场总线技术，在无线网络达不到的地方比较适用。

3）无线遥控浇灌系统是用远程终端来采集各地区水和肥的情况，然后通过全球移动系统将数据传给中央控制器。这种浇灌系统充分利用了 GMS 网，结构比较简单，不用布置很多线，投资小。

园林植物绿色植物的品种比较多，每种植物都有自身的生长特点，生长规律也存在一定差异。采用一体化智能浇灌系统可以根据植物本身对水的需求情况进行有针对性的浇灌，可以把滴灌、喷灌技术融合为一体，进行园林植物绿色植物多元化和个性化浇灌。园林植物土壤储水情况和植被的根系吸水情况有所不同，应用智能浇灌，可以将地表浇灌、地上浇灌和地下浇灌有效结合，合理调配地下水和自然雨水，实现园林植物绿色浇灌。

自动化浇灌主要是利用信息化智能系统对风速和土壤含水量进行数据采集，收集植物生存的环境信息及降水量等相关数据，并在对数据进行分析的基础上进行的浇灌。通过风速、土壤含水量、雨水信息、环境因素的分析程序，启动自动浇灌或非自动浇灌设备进行园林植物浇灌，以解决园林植物植被对水的需求。对需水量大的阔叶型树木可以采用喷浇灌、集中雨水进行浇灌等形式，浇灌频率不宜过高，这样既能节约水资源，又能提高浇灌效率，自动浇灌结束后系统会自动存储浇灌时间和浇灌水用量等。在特殊情况下，管理人员可以进行人工数据采集，并手动启动浇灌系统进行浇灌。

1.4   主要研究内容

1.4.1   植生毯和特拉锚垫生态护坡技术研究

（1）分析植生毯与常规植被毯的材料和制作工艺差异，研究植生毯生态护坡技术的工作原理和技术特点，总结其与现有传统护坡技术的对比优势。

（2）研究植生毯用于河道边坡生态治理的适用性，采用资料分析、水槽模型试验等手段研究其抗冲流速，在水槽试验段的植生毯上种植植物，待植物生长稳定后开始进行植被抗冲刷试验，控制试验段不同流速，以获得植生毯上生长植物的最大抗冲刷能力，并在此基础上提出植生毯的适用水力条件。

（3）构建植生毯设计、施工、质量检测及验收、日常养护等成套技术体系，编制水利行业领域的植生毯生态护坡应用技术规程，为植生毯生态护坡技术在水利行业的推广应用奠定基础。

（4）特拉锚垫生态护坡设计方法研究。针对设计需要，通过试验补充相应的材料参数。通过研究确定草皮增强垫的材料参数，明确其撕裂/顶破等强度、蠕变性等参数；通过研究确定反滤垫的材料参数，明确其单位面积质量；通过研究确定锚固体系的参数，明确锚头、锚索、承载板、锁具的特性。锚头特性包括材料强度、断面面积、翅板/锚孔尺寸等；锚索特性包括直径、钢绞线材料强度等要求；承载板特性包括其材料强度和刚度、形状尺寸；锁具特性包括耐久性、锁止装置和弹簧激发、整体抗拉性能等。

（5）荷载及承载力计算方法研究。通过研究明确特拉锚垫系统荷载的计算方法等，包括面层自重、河道水流径流冲刷力、船行波的波浪荷载、水下部分的浮力、风荷载、部分散落土体的重量以及植被生长后根系尚未发育完整时的植被的重量、施工荷载等的计算方法。通过研究确定特拉锚材料自身承载能力计算方法和计算公式，包括特拉锚的锚头与锚索之间、锚索与承载板之间的抗拉承载能力、承载板与面层之间的抗拉承载力、锚头自身的抗拉承载能力，以及系统整体抗拉承载力。

（6）施工工艺研究。针对特拉锚垫的特点和应用环境，提出施工所需的资料，包括地勘、荷载（风荷载、雪荷载、地震荷载等）、水文、气象、植被等；对于滨水岸坡岸坡，因其坡度变化存在差异及尖锐突起等的存在，通过调研明确其理坡的施工方式和方法；通过试验研究确定特拉锚垫结构层、锚固体系和护脚的施工方法等。开展水下施工技术的调查研究，通过研究确定水下施工的工艺流程。研究确定施工工艺中所涉及的施工设备，给出相应的设备要求和操作规定。通过研究改造锚头打入设备及配套装备，适应在坡面上施工操作。研究中按照简单实用轻便的原则研发和改进拉拔设备。

1.4.2 植生混凝土生态护坡技术研究

（1）采用正交试验法研究了水胶比、粉煤灰掺量、孔隙率及陶粒替代量对植生混凝土抗压强度、抗折强度、劈裂抗拉强度和孔隙 pH 的影响，并通过功效系数法获得了性能最优的植生混凝土配合比。

（2）从内部材性与外部环境两方面着手，对植生混凝土的降碱方法进行了系统研究，阐明了植生混凝土内部碱性的主要来源，揭示了粉煤灰、矿渣、硅粉、沸石粉 4 种降碱材料的降碱机理及对植生混凝土力学性能与孔隙碱性的影响机制，分析了化学降碱法、物理封碱法及农艺降碱法对植生混凝土性能的影响规律，确定了植生混凝土的最佳降碱技术。

（3）阐述了植生混凝土种植基质及其植物品种的选用原则，优化了孔隙填充基质与覆层基质的材料组成及其掺量，探究了孔隙填充基质的最佳施工工艺，梳理了植生混凝土的植生步骤，并对高羊茅、狗牙根、披碱草、百喜草、白三叶、四季青、护坡王等草本植物在亚热带地区的植生性进行了系统研究，根据生长速度、覆盖率、植物质地及景观质量等指标优选了适宜在植生混凝土中种植的植物品种。

（4）将优化得到的植生混凝土技术应用于广州增城、惠州、江门等地的岸坡工程建设中，依据现场施工环境，进行了植生混凝土生态护坡建设的施工组织设计，对植生混凝土的拌制、运输、铺设、养护及植被种植与养护等具体工序进行了详细介绍，并进行了经济效益、生态效益、景观效益及社会效益的分析评价。

1.4.3 植绿生态挡墙技术研究

（1）提出了植绿生态挡墙概念，即在传统挡墙临水侧墙面上设置种植槽进行景观植绿。将传统挡墙临水侧墙面适当放缓，调整相邻种植槽间距及槽深与槽宽，以便于在临水侧形成全覆盖的生态美景。

（2）结合现场施工情况，提出了种植槽的两种施工方法：一种是种植槽与挡墙混凝土同步浇筑；另一种是先阶梯后砌筑槽壁法。对于既有挡墙，也可在临水侧墙面上锚固种植槽来实现既有挡墙生态化及景观功能，一般采用在其立面上锚固支承架、放置植物种植槽的方式。

（3）提出了升降式植绿改造技术，根据河道水位涨落，使挡墙面上的种植槽实现升降功能。

（4）根据工程实际的需要，对种植槽的材质选择与优选进行研究。

1.4.4 岸坡雨水资源利用及植物选择、种植和浇灌技术研究

（1）针对河道生态挡墙种植槽植物浇灌，提出了雨水收集、存储、处理及利用系统。

（2）研制了一套基于太阳能的自动灌溉系统，系统由太阳能供电电源、充放电监控模块和自动灌溉功能模块组成。

（3）提出了植绿生态挡墙种植槽、植生混凝土植物种类选择及种植施工要求，保障岸坡上植被的生长，以达到较好的生态和景观效果。

第2章

植生毯和特拉锚垫
生态护坡技术

2.1 概述

随着社会经济的发展，人类的生产建设带来了严重的环境破坏、水土流失等生态问题。人类对环保越来越重视，对河道边坡防护、高速公路边坡防护、废渣场复绿等提出了越来越高的要求。

在国外，美国等发达国家从20世纪20—30年代就意识到了生态平衡的重要性，开始在边坡工程开展植被恢复工作。早在1943年和1944年就进行了公路两侧草皮种植的试验，通过不同播种时间、不同草种及草种组合的小区试验来探讨建立草皮的方法。美国政府提倡高速公路植被地带宽度以公路两侧45~100m为宜，有选择性地种植草花、宿根花卉、灌木和乔木，其林型由低到高，既能起到防护作用，又不影响行车视线。日、德、法等发达国家对边坡植被恢复的目标以及实现的方式和手段做了大量的研究。绿化网防护、厚层基料喷射、植被型混凝土等生态防护技术在稳定边坡、防止土壤侵蚀和恢复植被等方面得到了广泛应用。

我国植被生态恢复技术方面的研究起步较晚。长期以来，对于边坡的防护，通常采用单纯的工程防护，如浆砌片石、六形砖、卵石方格和钢筋混凝土等工程措施。这些工程不仅造价高，而且由于没有植被覆盖，景观单一，几乎不具备生态效应。20世纪90年代以前一般多采用直播草籽、穴播或沟播、铺草皮、空心砖植草等传统模式。1991年，中国黄土高原治山技术培训中心与日本合作在黄土高原首次应用了坡面喷涂绿化技术。1993年我国引进土工材料植草护坡技术，开发研制出了各式各样的土木材料产品，如三维植被网、土工格栅、土工网、土工格室等，结合植草技术在高速公路边坡植被恢复中陆续获得应用。

在水利行业，过去对岸坡的治理主要以硬质护面方法为主，如在岸坡安装石笼、空心混凝砌块以及混凝土喷浆等，硬质护面虽然能有效地控制侵蚀，但其生态功能缺失，不利于坡岸生态环境的可持续演变和修复。以植物修复手段为主的岸坡治理可以有效地解决硬质护面存在的生态功能缺失问题。在植被退化严重和土壤流失的水位变动带区域，根据淹没水位的不同采取"分区而治"的原则种植适应性植物。对于水库而言，可以在水位变动带水淹较深的下部区域或土壤贫瘠地带种植草本，在水淹较浅的中、上部区域或土壤肥沃地带种植乔木，通过植被修复的方式来实现护坡固土和库岸滨水岸坡生态环境的修复。对于河道而言，可以在河道岸坡种植草本或灌木，通过植物护坡措施防治河岸的冲刷和水土流失（图 2.1-1）。

图 2.1-1　河岸植物护坡

2.2　植生毯生态护坡技术

2.2.1　植生毯生态护坡介绍

植生毯是将种子、肥料、保水剂、土壤改良剂等与纤维网、可降解无纺布整体黏合形成的，能紧密贴合于地表、适宜植物生长的毯状物，它是采用生产机械将一定规格的植物纤维或合成纤维毯与种子植生带复合在一起的具有一定厚度的生态护坡及水土保持产品。其核心技术是利用纤度为 $5\sim50D$ 的纤维加工成孔隙率达 $70\%\sim90\%$ 的复合纤维毯，草种及其生长所需成分（保水剂、肥料、土壤改良剂等）被均匀织入其内，而后直接铺覆在待绿化目的地的一种新型简捷生态建植护坡技术。

这种技术将植物种子与肥料均匀混合，数量精确，草种、肥料不易移动，草种出苗率高，出苗整齐，采用可自然降解的纸或无纺布等作为底布，与地表吸附作用强，腐烂后可转化为肥料；同时具有运输方便、操作简单、抗冲力强等特点，将土壤改良与植物种植一次完成。

图 2.2-1 是植生毯的照片，图 2.2-2 是带肥料袋的植生毯照片，图 2.2-3 是植生毯生态护坡实施效果对比图。

2.2.2　植生毯生态护坡工作原理

植生毯生态护坡是在生产工厂中将种子、肥料等生长基材与纤维网、生态布 3 层整体黏合在一起，运至施工现场摊铺后，用专用锚钉固定在土壤或

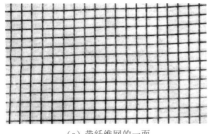

（a）带纤维网的一面

（b）带种子的一面

图 2.2-1　植生毯

风化岩边坡表面，先期通过纤维网、生态布达到防止水土流失的目的，待植物生长后，通过表层植被和深层根系的共同作用，起到防止水流冲刷、抑制水土流失的作用，是边坡防止水流冲刷、抑制水土流失和环境绿化的完美结合。图 2.2-4 是植生毯成品，

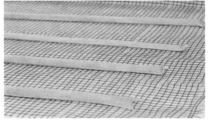

图 2.2-2　带肥料袋的植生毯

图 2.2-5 是植生毯各类专用锚钉，图 2.2-6 是铺设植生毯的河道生态护岸。

（a）实施初期

（b）实施一段时间后

图 2.2-3　植生毯生态护坡实施效果对比图

图 2.2-4　植生毯成品

按植物类型划分，植生毯可分为草本型、灌木型及景观型。其中，草本型是以草本类作为主体植物类型覆盖地表的植生毯，灌木型是以灌木类作为主体植物类型并混合草本类覆盖地表的植生毯，景观型是以花卉苗木作为主体植物类型覆盖地表的植生毯。

植生毯中的植物种子应结合使用目

（a）倒刺PET钉

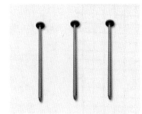
（b）大头钢钉

（c）L形钢钉

图 2.2-5　植生毯各类专用锚钉

图 2.2-6　铺设植生毯的河道生态护岸

的、气候条件、土壤特性等因素进行选择。

（1）按使用目的选择。防止初期侵蚀宜选择蔓茎紫羊茅、肯塔基蓝草、红顶草、百慕大草等；生态修复宜选择芒草、艾草、虎杖、铁扫帚、原有草木本类等。

（2）按气候条件选择。严寒地区宜选择蔓茎紫羊茅、细弱剪股颖、虎杖等；温暖地区宜选择百慕大草、美洲雀稗、芒草等。

（3）按土壤特性选择。硬质土宜选择百慕大草、芒草、铁扫帚、马棘、胡枝子等；软质土宜选择百慕大草、美洲雀稗、芒草、铁扫帚、马棘、胡枝子、红顶草等；酸性土宜选择红顶草、芒草、铁扫帚等；碱性土应在土壤改良后进行种子选择。

2.2.3　植生毯生态护坡特点

植生毯作为一种特殊的生态护坡型式，与传统的直播种草或草皮移植相比，具有以下的技术优势和特点。

（1）植生毯种子撒播在工厂室内由机械完成，播种密度稳定均匀；而直播种草是在施工现场进行，不可避免地受到外界气候、人工技术和工具影响，直播种草无法建植高质量草坪。

（2）植生毯使种子保持在相同的土壤深度上，因而出苗齐、成坪快，可以通过提高地温、减少地表水分蒸发来促进种子发芽，达到建植高质量草坪的目的。

（3）植生毯能有效防止风、热、水、冷、盐碱等不利因素对土壤的侵蚀，起到物理防护作用，提高植物成活率，对植物保护效果显著。

（4）草皮移植要占用大量耕地并且育苗期长，而植生毯则可节省大量耕地资源。直播种草和草皮移植都需要较强的专业技术且有繁重的搬运工作，不仅效率低而且质量难以保证，而植生毯则有效地避免了上述缺点。

（5）植生毯可根据需要任意设定种子密度，还可按科学配比生产满足不同使用要求、由不同植物种子组成的多种类型，在植生毯中亦可加入含有营养材料的肥料带促进草坪的健康生长。

（6）植生毯材料可自然腐烂分解变成草坪的养分，不污染环境。

（7）植生毯对土质要求低，可很方便地用在坡地、沙地等复杂立地，快速建植稳定高质量的草坪。

（8）植生毯不仅节省土地和时间，同时节省种子，能保证质量。施工方便快速，每人每天可施工 500m^2，无须特种施工设备，有效降低了综合成本，缩短施工工期。

2.2.4 植生毯生态护坡技术与现有护坡技术对比

在河道护岸中，与草皮护坡、植草砖护坡、混凝土护坡、麻筋水保抗冲椰垫护坡、浆砌石护坡等护坡技术相比，植生毯具有价格相对较低、施工较方便、生态环保、施工进度快等特点。表 2.2-1 是植生毯生态护坡技术与现有护坡技术对比表。

表 2.2-1　　　　植生毯生态护坡技术与现有护坡技术对比表

护坡方案	造价 /(元/m^2)	耐久性及抗冲刷能力	生态性	工程施工	适用范围
草皮护坡	13	耐久性差、抗冲刷能力弱	一般	施工方便	适用于顺直段
植生毯护坡	40	耐久性一般、抗冲刷能力弱	好	施工较方便	适用于顺直段
植草砖护坡	110	耐久性较好、抗冲刷能力较好	较好	施工略困难	适用于迎流顶冲段、景观段
混凝土护坡	80	耐久性好、整体性好、抗冲刷能力强	差	施工略困难	适用于迎流顶冲段
麻筋水保抗冲椰垫护坡	45	耐久性差、抗冲刷能力弱	好	施工较方便	适用于顺直段
浆砌石护坡	70	耐久性较好、抗冲刷能力较好	一般	施工略困难	适用于迎流顶冲段及河中卵石较多河段

2.2.5 植生毯生态护坡设计

2.2.5.1 设计基本要求

植生毯能够防止土壤侵蚀，达到生态修复效果，实现与周围环境和谐统一。植生毯应能够通过自带植物种子发芽生长，为后续本地植物生长营造稳定的生长环境。应用植生毯的边坡自身应满足稳定要求。植生毯宜用于坡度

60°及以下自身稳定的土质或强风化岩质边坡。植生毯适用于陆地边坡及河道常水位以上水流流速不超过 4m/s 的平顺岸坡。

植生毯植物种子选择应遵循适地适树、适地适草原则，宜选择本地灌木树种和草种，可根据场地情况、当地气候条件和治理要求合理搭配。植生毯可根据土壤贫瘠状况添加肥料袋。植生毯设计时应注意下列问题：

（1）土壤酸碱度不适宜植物生长时，应进行土壤改良，改良后土壤 pH 应为 6.5～8.5。

（2）有涌水、汇水的坡面应进行导水处理。

2.2.5.2　植生毯生态护坡设计

（1）现场调查。采用植生毯的治理工程在设计时应按《岩土工程勘察规范》（GB 50021—2009）进行现场调查，现场调查包括以下内容：

1）现场环境：地形、海拔、周围植被情况、原有绿化情况（如植被退化、植物入侵、土壤侵蚀等情况）等。

2）水文地质情况：边坡岩性、风化程度、边坡稳定性、地下水情况等。

3）坡面状况：坡高、坡比、坡长、平整度、坡面面积等。

4）土壤情况：土壤类型、土壤肥力、土壤硬度、土壤酸碱度等。

5）气候条件：气温、降水量、蒸发量、土壤冻胀深度等。

（2）植生毯生态护坡植物类型及产品类型选择。植生毯生态护坡应根据治理目标和立地条件选定以下不同生态模式的植物类型。

1）草本型：以草本类作为主体覆盖地表的植物类型。

2）草本花卉型：以草本花卉为主体的植物类型。

3）灌草型：以灌木类作为主体并混合草本类覆盖地表的植物类型。

河库岸坡生态修复设计宜根据岸坡条件按表 2.2-2 选择植物类型和植生毯产品类型。

表 2.2-2　　岸坡生态修复适用的植物类型和植生毯产品类型

岸　坡　条　件	植物类型	产品类型
坡度在 30°及以下的填方土质边坡	草本型或草本花卉型	植生毯
坡度在 30°～45°的填方土质边坡	草本型	植生毯
坡度在 60°及以下的挖方土质边坡	灌草型	植生毯
坡度在 60°及以下的强风化岩质边坡	灌草型	植生毯＋肥料袋

（3）植生毯种子搭配设计。植生毯的种子搭配应根据选定的植物特性并结合使用目的、地理环境、土壤特性等因素进行设计。

（4）岸坡平整及表土厚度要求。应用植生毯前，坡面碎石、树根及其他杂物应清除，整平后的岸坡坡面平整度应在 ±5cm 以内。表土最小厚度宜按

表 2.2-3 确定，其理化性能宜满足《园林绿化工程施工与验收规范》（CJJ 82—2012）的要求。

表 2.2-3 　　　　　岸坡表土最低厚度

植物类型	土层厚度/cm
草本型	30
草本花卉型	30
灌草型	50

（5）植生毯铺张设计要求。植生毯铺张设计应满足下列要求：

1）植生毯搭接宽度应不小于 15cm，搭接处、治理区域边沿应用固定钉固定。

2）植生毯在治理区域边沿应予嵌固，可在距离坡沿 50cm 处开挖深 30cm、宽 30cm 的浅沟，将植生毯端埋入，水平埋入长度不小于 30cm，填土压实。

3）固定钉宜按表 2.2-4 选用，尺寸宜符合表 2.2-5 的要求。固定钉以 1m×1m 的规格固定在植生毯上，坡度变化处、弯角处宜适当加密。

表 2.2-4 　　　　　固定钉选用条件

边坡条件	固定钉
坡度在 45°及以下的填方土质岸坡	大头钢钉
坡度在 45°及以下的涉水岸坡	倒刺 PET 钉
坡度在 60°及以下的挖方土质岸坡	大头钢钉或倒刺 PET 钉
坡度在 60°及以下的强风化岩质岸坡	L 形钢钉

表 2.2-5 　　　　　固定钉的尺寸

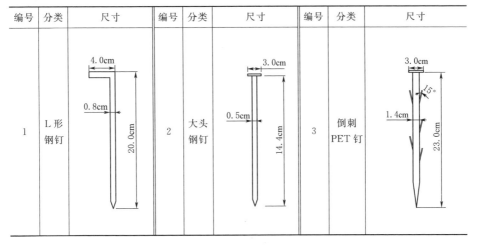

编号	分类	尺寸	编号	分类	尺寸	编号	分类	尺寸
1	L 形钢钉	4.0cm / 0.8cm / 20.0cm	2	大头钢钉	3.0cm / 0.5cm / 14.4cm	3	倒刺 PET 钉	3.0cm / 1.4cm / 15° / 23.0cm

4）铺设完成后，有条件的情况下表面宜覆土 5～10mm，以增加保水性。

2.2.6 植生毯生态护坡施工

2.2.6.1 施工基本要求

植生毯生态护坡施工应满足下列基本要求：

（1）植生毯外观尺寸应符合设计图纸规定。

（2）植生毯安装应符合设计图纸要求。

（3）植生毯宜根据当地的气候条件选定施工时段，北方地区不宜选择秋冬季节施工。

（4）植生毯和植生袋运输保管过程中应保持避光通风，避免受潮。

2.2.6.2 植生毯施工工艺

图 2.2-7 植生毯施工工艺流程

植生毯施工工艺流程如图 2.2-7 所示。

植生毯施工应满足下列要求：

（1）应清除施工面的碎石、杂物等，整平坡面，将植生毯张铺在土层厚度满足设计要求的坡面上，使有种子的一面与坡面紧密贴合。固定钉宜按表 2.2-5 选用。

（2）治理区域边沿的植生毯埋入土体长度不小于30cm，填土压实（或根据设计要求实施），重叠搭接宽度不宜少于 15cm。

（3）黏合在可降解生态布上的种子、肥料、保水剂、土壤改良剂等必须紧贴在土壤表面，不得设置其他隔离材料，以保证发芽率。

（4）固定钉以 1m×1m 的规格固定在植生毯上，必要时可适当加密。

（5）铺设完成后表面宜覆土 5～10mm。

2.2.6.3 植生毯施工期养护要求

（1）植生毯施工期应浇水养护，每次浇水量以湿透 10cm 土层为宜，以保证植物生长需要。

（2）植生毯铺设后 15d 内宜早晚各浇水 1 次，16～30d 期间每天浇水1 次，31～60d 期间每周浇水 2 次，60d 以上可根据长势和天气情况适当浇水。

（3）当遇到极端干旱天气时，应适当增加浇水频率和浇水量，当遇到降雨天气时，可适当减少。

图 2.2-8 是植生毯现场施工作业及实施后效果图。

（a）整平坡面铺植生毯	（b）铺设完成后表面覆土	（c）浇水养护
（d）施工40d后	（e）施工100d后	（f）施工1年后

图 2.2-8　植生毯现场施工作业及实施后效果图

2.2.7　植生毯施工质量检测及验收

（1）植生毯进场施工前应进行现场抽样检测，施工完成后应进行专项验收。

（2）植生毯现场抽样检测应满足下列要求：

1）施工前外观整洁、规格尺寸应符合设计要求。产品包装应符合《包装储运图示标志》（GB/T 191—2016）的要求。抗拉强度应按《塑料　拉伸性能的测定　第 1 部分：总则》（GB/T 1040.1—2006）进行检测，且不得低于 19kN/m。断裂伸长率应按《土工合成材料　长丝纺粘针刺非织造土工布》（GB/T 17639—2023）进行检测，且不得高于 4%。抽检比例应按每批次抽检不少于 1 次。

2）铺设前现场裁剪 200mm×300mm 的植生毯铺于施工面上，浇水至湿透状态后，纤维网和生态布应分离，且分离后的生态布应能紧贴于土壤表面。抽检比例为每批次抽检不少于 1 次。

3）铺设完成后表面应平整均匀、边缘整齐，边沿埋深及中间搭接长度应满足设计要求。

（3）植生毯专项验收时间宜为施工后 90～120d，施工养护期昼夜平均温度在 20℃以上。当施工养护期植物生长条件未达到上述要求时，验收时间可适当延长。

（4）植生毯专项验收标准应满足下列要求：

1）草本型、草本花卉型的植被覆盖率不小于 70%。

2）灌草型的植被覆盖率不小于 60%。

2.2.8　植生毯生态护坡日常养护

（1）专项验收后，管理单位应实施日常养护。

（2）根据防治和景观要求修剪坡面植物。植物修剪应按照管理单位规定进行，其中割草时至少要保留地表以上 20cm 的高度，频率宜每年 1～2 次。

（3）采用植生毯生态修复的边坡应注意防火。

（4）当植物缺乏营养导致生长缓慢时，可通过追加肥料的方法促进其生长。

2.3　植生毯生态护坡模型试验研究

植生毯生态护坡模型试验研究内容引自日本（株）建设技术研究所的《水保植生毯工法水力试验报告书》。

2.3.1　试验目的和任务

考虑到植生毯可用于河河库岸坡，需要研究其抗冲流速，为此采用资料分析、水槽模型试验等手段，开展植生毯生态护坡技术在河库岸坡生态治理工程中的适应性研究，获得其抗冲刷能力等特性。

2.3.2　试验内容

通过水槽模型试验，研究植生毯生态护坡技术在河库岸坡生态治理工程中的适应性、抗冲刷能力等特性。

在水槽试验段的植生毯上种植植物，待植物生长稳定后开始进行植被抗冲刷试验，控制试验段不同流速，以获得植生毯上生长植物的最大抗冲刷能力。

2.3.3　模型试验

2.3.3.1　水槽模型布置

试验使用如图 2.3-1 所示的高流速试验装置，该装置是在 0.3m×0.3m

的封闭水槽内，在满管的状态下按指定的流量通水，以获得指定的流速。

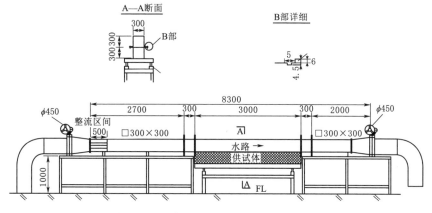

图 2.3-1　高流速试验装置（单位：mm）

试验水槽的尺寸如图 2.3-2 所示。

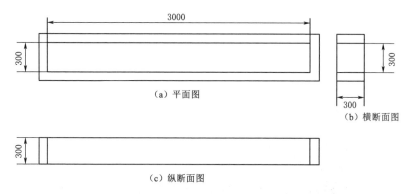

图 2.3-2　试验水槽尺寸（单位：mm）

2.3.3.2　试验方法

设定指定的流速，试验流速范围为 1～7m/s，流速的变化梯度是 1m/s，每个流速条件下的通水时间为 0.5h 左右。每个流速条件下观察植生毯表面情况，当无吸出、产生翻卷等破坏现象时，改变流速，递增至下一流速条件进行试验，有变化时，将此流速定位为最终流速进行观察。当流速达到 7m/s 还无发生变化时，在 7m/s 条件下通水 1～2h，进行观察。

2.3.4　试验研究结论

通过植生毯水槽模型试验，可以得到如下结论：

（1）植生毯铺设在土壤上，充分培养好后，在流速 7.0m/s 的条件下，具有 90min 以上的抗冲能力。

（2）植生毯铺设在土壤上，充分培养好后，在流速 7.0m/s 的条件下，即使有鼠洞等缺损情况（大约是总面积的 0.5％），或叶子枯黄情况，在流速 7.0m/s 的条件下，具有 90min 以上的抗冲能力。

（3）植生毯在草中混杂有灌木的情况下，其抗冲能力不会下降。

（4）未长草情况下植生毯在流速 1m/s 时能满足抗冲要求，但当流速达到 2m/s 时，出现下部土体吸出的现象，吸出的土体随时间的变化有所增加，冲刷深度增加，被吸出的土体在冲坑下游堆积，或是流向下游。

2.4　特拉锚垫生态护坡技术

2.4.1　特拉锚垫生态护坡介绍

特拉锚垫生态护坡是利用植物根系并结合草皮增强垫形成加筋作用，构建坡面侵蚀防护系统，通过植物的生长对边坡进行加固的一项新技术。经过特拉锚垫生态护坡技术处理，可在坡面形成茂密的植被覆盖，能够有效地抑制地表径流对边坡的侵蚀，增加土体抗剪强度，从而大幅度提高边坡的稳定性和抗冲刷能力。特拉锚垫生态护坡技术主要适用于库岸和河道的水位变动区域，特拉锚垫生态护坡主要由 3 部分组成：反滤垫层、草皮增强垫和特拉锚。特拉锚垫生态护坡如图 2.4 - 1 所示。

图 2.4 - 1　特拉锚垫生态护坡图示

（1）反滤垫层，采用 100％聚丙烯长丝，无纺加工，通过其孔径与土壤颗粒形成桥接效果，具有长期透水不淤堵的性能，有效减少滨水岸坡的土颗粒的流失，保持水土。具有长期使用透水不淤堵的特性，有效降低泥沙冲刷 98％以上，极大程度上保持泥沙稳定，减少冲刷。

（2）草皮增强垫，采用具有独特截面形状的纤维通过经线和纬线的垂直编织形成的三维立体结构，其单个的网孔呈倒四棱锥形。相邻结构单元通过对应的底边相互衔接，各单元结构的棱锥定点为岸坡表面相贴靠的支撑部。各结构单位的底边为相对远离岸坡表面的缓冲部。该保护垫在植被恢复前保护植物根茎，增强河道和岸坡的抗冲刷能力，减少植物的抗冲蚀疲劳。草皮增强垫纵横向拉力高达 55kN/m 以上，系统结构面为开放的矩阵，有利于河道建植；同时，生态河道系统结构面层有足够的厚度，能提供有效的侵蚀控制和植被加固。它适用于江河湖泊生态岸坡和消落带的生态修复，能有效地减小水面波浪、船行波、风浪、雨水径流等对岸坡和消落带的侵蚀，永久保护土壤免受侵蚀的自然能力，有利于河道岸坡或消落带的生态系统向自然状态演化。草皮增强垫开孔率不小于 94%，不会阻碍植被生长，同时，草皮增强垫在荧光紫外灯抗老化试验中能够保持 3000h 90% 的强度。

（3）特拉锚由 3 部分组成：锚头、承载板以及连接锚头和承载板的锚索。锚头、承载板以及锚锁采用耐酸碱盐腐蚀的合金制造，保证在工程环境中的长期受力性能。施工受力状态时，通过锚头的转动，承载板自锁定，锚索连接部分的土体形成挤压达到受力平衡。

特拉锚通过嵌入岸坡土体的锚头、贴靠草皮增强垫的承载板以及连接在锚头和承载板之间的锚索将反滤垫层和草皮增强垫锚固在浅层土体上，锚索的一端与锚头铰接，另一端贯穿承载板，承载板上设有锁定锚索位置的锁紧装置。在工作状态下，通过锚索的张紧力牵拉锚头与承载板相互靠近以夹持稳定土体，从而实现特拉锚垫系统面层的草皮增强垫和反滤垫层固定，并且增加这一区域坡面的浅层稳定性。特拉锚受力过程如图 2.4-2 所示。

2.4.2　特拉锚垫生态护坡工作原理

在对生态护坡的研究中发现，植被成坪后的根系对土体有着加筋作用，能够有效防止径流冲刷，控制侵蚀，减少水土流失，但是在植被成坪之前，植被的抗侵蚀能力是比较差的，同时在面对激流、湍流、洪水等水流流速较大的情况时，未加强的植被抗冲蚀能力也较差。特拉锚垫生态护坡的抗侵蚀作用是通过它的 3 个主要构成部分来实现的：①促淤保滩，特拉锚垫生态护坡中的草皮增强垫是一层具有一定的厚度（7~10mm）的三维网垫，表面凹凸不平的结构能够促进泥沙的淤积，减少水土流失，也为植被提供泥土；②保护植被根茎，在植被未成坪前，加强对植被的保护，提高其对水流冲刷的抵抗能力；③共同加筋，保持水土。

特拉锚垫生态护坡通过将反滤垫层、草皮增强垫和特拉锚有机结合。首

图 2.4-2　特拉锚受力过程图

先，在水位变动带岸坡上形成稳定的结构面，有效防止水土流失和岸坡侵蚀，可减少水土流失 95％以上；其次草皮增强垫层独特的立体矩阵结构对植被的根茎形成保护，提高植被抗冲蚀疲劳能力，草皮增强垫的表层能适宜植被生长，实现植被覆盖率 100％；最终植被修复完成后，消落带区域形成生态的湿地环境，通过这一区域植被过滤、渗透、吸收、滞留和沉积作用，减少地表径流携带污染物质入库，减少水体污染。

2.4.3　特拉锚垫生态护坡特点

（1）控制侵蚀。特拉锚垫生态护坡能够保护植被根系，与植被共同作用，形成防护层，保护岸坡不受侵蚀，防止水土流失。

（2）具有一定的耐久性。在特拉锚垫生态护坡中，草皮增强垫是以聚丙烯材料为原料，具有优良的抗老化性能；特拉锚则是由合金制成，两种材料均经过试验验证，证明其具有优秀的耐久性，能够满足工程使用年限需求。

（3）具备生态功能。特拉锚垫生态护坡具有良好的促淤保滩效果，尤其是在河道岸坡中，能够促进泥沙淤积，为植被生长提供基础，同时在植被的未成坪前保护植被根茎，在植被成坪后与植被共同作用，控制侵蚀。

（4）有效的坡面锚固力。特拉锚能够为特拉锚垫生态护坡提供有效的锚固力，增强坡体的浅层稳定性。

2.4.4 特拉锚垫生态护坡技术与现有同类技术对比

2.4.4.1 特拉锚垫生态护坡技术与三维网垫草皮护坡技术对比

（1）使用寿命。特拉锚垫生态护坡技术中草皮增强垫原材料与现有的三维网垫不同，两者的抗老化性能和耐久性具有较大差异。草皮增强垫的抗老化年限可达到 75 年以上，目前的三维网垫一般使用年限则为 3～5 年。

（2）抗拉强度。草皮增强垫抗拉强度达 50kN/m 以上，能够作为岸坡防护的工程结构。而三维网垫的抗拉强度低，耐久性差，只可作为草皮建植初期的工程措施。

（3）结构型式。草皮增强垫和三维网垫采用的生产工艺和成型技术完全不同，因此结构型式完全不同，详见图 2.4-3。草皮增强垫采用编织工艺形成开放的立体矩阵结构；三维网垫由多层凹凸不平的塑料网热黏接复合而成，由于生产工艺和结构型式的不同，材料本身的整体性和受力性能差别大。三维网垫主要起容纳土颗粒的作用，将草籽和土壤固定在立体结构中，为种子的萌芽生长提供土壤条件，多应用于高速公路、市政等不临水坡面。草皮增强垫的主要功能是防止涌浪和船行波对于岸坡的冲蚀，保护植物的根系和幼苗的根茎。

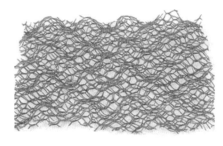

（a）草皮增强垫　　　　　　　　　　（b）三维网垫

图 2.4-3　草皮增强垫和三维网垫结构差异

2.4.4.2　特拉锚垫生态护坡技术与混凝土六方块锚固装置对比

混凝土六方块锚固装置结构型式包括接长锚杆、上锚杆，在应用中主要用于固定坡面的混凝土六方块，受力状态时主要靠锚杆与土体的摩擦力进行锚固，提供的有效摩阻力主要根据锚杆长度来决定。

特拉锚结构由锚头、锚锁和承载板 3 部分组成，可以固定任何坡面各种类型的复合材料。受力状态时锚头会旋转固定，提供较大的抗拉拔力，锚固段的荷载板只能单向往下移动，锚入土体后不可逆向操作，具体如图 2.4-4 所示。

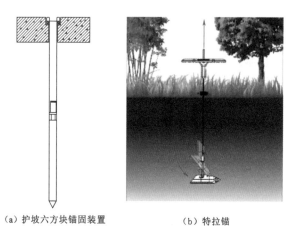

（a）护坡六方块锚固装置　　　　　　（b）特拉锚

图 2.4-4　护坡六方块锚固装置和特拉锚

2.4.5　特拉锚垫设计

特拉锚垫的设计应遵循因地制宜、安全经济、生态美观、节能环保的原则。采用特拉锚垫的边坡坡度不宜大于 1∶0.75。特拉锚垫设计前应对实施场地的现场环境、地质情况、坡面状况、土壤情况、气候条件等因素进行调查与相关资料收集。特拉锚垫设计应按照《水工建筑物荷载设计规范》（SL 744—2016）的相关规定确定特拉锚垫增加的荷载，并应按照《水利水电工程边坡设计规范》（SL 386—2007）的相关规定复核边坡的结构稳定性。

2.4.5.1　材料

草皮增强垫、特拉锚及其配件的规格和性能应按照表 2.4-1～表 2.4-6 的规定采用。特拉锚耐腐蚀性能不应低于《盐雾等级判定介绍》（GB/T 6461—2002）中规定的保护评级 5 级要求。草皮增强垫的性能指标应符合表 2.4-1 的规定；特拉锚的性能指标应符合表 2.4-2～表 2.4-4 的规定；主要配件的性能指标应符合表 2.4-5 和表 2.4-6 的规定。

表 2.4 - 1 草皮增强垫性能指标

序号	型号	规格尺寸		性　　能			
		厚度 /mm	开孔率 /%	单丝割线模量 (0.5%) /（N/根）	纵向标称 拉伸强度 /(kN/m)	横向标称 拉伸强度 /(kN/m)	强度保持率 (3000h 荧光 紫外灯)/%
1	TM1	7	94	3	≥40	≥30	≥90
2	TM2	10	94	3.5	≥45	≥35	≥90

表 2.4 - 2 特拉锚锚头规格尺寸表

图　　示	型号	规格尺寸/mm	
		l_1	l_2
	A$_\mathrm{I}$	90	30
	A$_\mathrm{II}$	130	40

注　锚头为锌合金压铸成型。

表 2.4 - 3 特拉锚锚盘规格尺寸表

图　　示	型号	规格尺寸/mm		锁定力/kN
		l	h	F
	P$_\mathrm{I}$	6	60	10
	P$_\mathrm{II}$	6	60	15

注　锚头为锌合金压铸成型。

表 2.4 - 4 特拉锚锚索规格尺寸表

图　　示	型号	规格尺寸/mm	抗拉强度/kN
		ϕ	F
	S$_\mathrm{I}$	3	7
	S$_\mathrm{II}$	6	15

注　锚索材质为 304 不锈钢。

表 2.4-5　　　　　　　　　　　特 拉 钉 规 格 尺 寸 表

图　　示	项　　目	规格尺寸/mm
	l	300
	ϕ	15

表 2.4-6　　　　　　　　　　　螺 旋 钉 规 格 尺 寸 表

图　　示	项　　目	规格尺寸/mm
	l_1	300
	l_2	100
	ϕ_1	15
	ϕ_2	3

2.4.5.2　特拉锚布置

特拉锚布置应满足下列要求：

（1）应根据环境条件及锚固土层地质条件确定特拉锚的间距和打入深度。

（2）特拉锚在坡面上的布设间距应满足受力要求，不宜大于 1.5m；若间距大于 1.5m 时，应采用特拉钉或螺旋钉加密，加密后锚固间距不宜大于 0.8m。

（3）特拉锚锚固深度不宜小于 0.8m。

2.4.5.3　特拉锚设计计算

在进行特拉锚设计计算时，应按照下列要求：

（1）计算特拉锚的抗拔力时，可忽略锚头的侧向摩阻力。

（2）应结合地勘资料进行特拉锚设计计算。宜通过现场试验确定不同土质情况下的抗拔力，优化锚固间距和锚固深度。

（3）U 形钉、螺旋钉及特拉钉等锚固件的应用范围应符合表 2.4-7 的规定。

表 2.4-7　　　　　　　　　　　锚 固 件 应 用 范 围

序号	锚固件类型	应用范围（土质）	备注
1	U 形钉	砂土、黏土	临时措施
2	螺旋钉	黏土	永久措施
3	特拉钉	砂土	永久措施

（4）设计采用的特拉锚极限抗拔力标准值应符合以下规定：

1）宜优先通过特拉锚静载试验确定，试验要求如下：

a. 特拉锚最大试验荷载不宜超过设计抗拔力且不应超过锚索破坏拉力的 0.8 倍。

b. 特拉锚极限抗拔试验采用的土质条件、锚索材料、锚索参数和施工工艺应与实际工程相同，且试验有效数量不应少于 3 根。

c. 特拉锚极限抗拔力应采用分级加荷，加荷等级和位移观测时间应符合表 2.4-8 的规定。

表 2.4-8　　　　　特拉锚极限抗拔力试验的加荷等级及观测时间

加荷增量 Q_{uk} /%	30	50	70	90	100
观测时间/s	5	5	5	5	10

注　1. 加荷速率为 0.2kN/s，在每个加荷等级观测时间内，测读位移不应少于 3 次。

　　2. 在每级加荷等级观测时间内，锚头位移增量小于 10mm 时，可施加下一级荷载。

d. 特拉锚极限抗拔试验，若出现一级荷载产生的锚头位移增量达到或超过前一级荷载产生的位移增量的 2 倍，可判定结构破坏。

e. 特拉锚极限抗拔力应取破坏荷载的前一级荷载。在最大试验荷载下未达到 d 条规定的破坏标准时，特拉锚的极限抗拔力应取最大试验荷载。

f. 当每组试验特拉锚极限抗拔力的最大差值不大于 30% 时，应取最小值作为特拉锚的极限抗拔力。当差值超过 30% 时，应分析原因，结合施工工艺、土质条件等工程具体情况综合确定极限抗拔力；不能明确差值过大的原因时，宜增加试锚数量。

2）单一土质情况下，可按照表 2.4-9 确定砂土工况特拉锚极限抗拔力标准值，按照表 2.4-10 确定黏土工况特拉锚极限抗拔力标准值。

表 2.4-9　　　　　　砂土工况特拉锚极限抗拔力标准值　　　　　　单位：kN

土 体 状 态	型号	打入深度（1.0m）		打入深度（1.2m）	
		最小	最大	最小	最大
稍松（0.22≤Dr<0.33）	I	1.2	2.2	1.5	2.5
	II	1.9	3.0	2.1	3.2
中密（0.33≤Dr<0.67）	I	2.1	4.2	2.3	4.5
	II	3.4	4.8	3.7	5.2
密实（Dr≥0.67）	I	3.5	5.1	3.7	5.5
	II	4.1	6.3	5.1	7.2

注　Dr 为相对密度。

3）若不具备上述两项条件，可采用公式计算确定特拉锚极限抗拔力标准值。

表 2.4 - 10　　　　　　　**黏土工况特拉锚极限抗拔力标准值**　　　　　　单位：kN

土 体 状 态	型号	打入深度 (1.0m)		打入深度 (1.2m)	
		最小	最大	最小	最大
软塑 (0.75<I_L≤1)	I	4	4.8	4.3	5.3
	II	4.8	5.6	5.2	6.5
可塑 (0.25<I_L≤0.75)	I	4.6	5.5	5.1	6.5
	II	5.2	6.9	5.7	7.9
硬塑 (0<I_L≤0.25)	I	5	6.7	5.6	7.2
	II	6.2	7.8	6.8	8.5
坚硬 (I_L≤0)	I	5.5	7.1	6.2	7.8
	II	6.7	8.5	9.8	11.2

注　I_L 为液性指数。

（5）若需要根据土的力学指标与抗拔力参数之间的经验关系确定特拉锚极限抗拔力标准值时，可按公式（2.4 - 1）计算：

$$Q_{uk} = \pi dh \left[c + \gamma \left(h - \frac{d}{2} \right) (\cos\theta + k_0 \sin\theta) \tan\varphi \right] \quad (2.4 - 1)$$

式中：Q_{uk} 为特拉锚轴向极限抗拔力标准值，kN；θ 为坡角，(°)；γ 为锚头上覆土体的重度，kN/m^3，临水边坡取饱和重度，非临水边坡取天然重度；h 为锚固深度，m；c 为锚头端土体的有效凝聚力，kPa，可根据《水利水电工程边坡设计规范》（SL 386—2007）要求取值；φ 为锚头端土体的有效内摩擦角，(°)，可根据《水利水电工程边坡设计规范》（SL 386—2007）要求取值；d 为被影响土体的等效截面直径，m；其中砂土中 d 为 0.8 倍锚头长度，黏土中 d 为 0.6 倍锚头长度；k_0 为静止土压力系数，宜通过试验测定，当无试验条件时，对正常固结土可按表 2.4 - 11 估算。

表 2.4 - 11　　　　　　　　　**静止土压力系数 k_0**

土类	坚硬土	硬—可塑黏性土、粉质黏土、砂土	可—软塑性土	软塑黏性土	流塑黏性土
k_0	0.2～0.4	0.4～0.5	0.5～0.6	0.6～0.75	0.75～0.8

（6）特拉锚轴向抗拔力计算应符合下列规定：

1）特拉锚轴向抗拔力特征值 R 应满足公式（2.4 - 2）的要求：

$$N_k < R \quad (2.4 - 2)$$

式中：N_k 为荷载效应标准组合下，作用于特拉锚的轴向力，kN，可取荷载效应力设计值；R 为特拉锚轴向抗拔力特征值，kN。

2）特拉锚轴向抗拔力特征值 R 可按公式（2.4 - 3）确定：

$$R = \frac{1}{K} Q_{uk} \qquad (2.4-3)$$

式中：Q_{uk} 为特拉锚极限抗拔力标准值，kN；K 为安全系数，取 1.25。

2.4.5.4　特拉锚垫构造要求

在进行特拉锚垫设计时，应满足下列要求：

（1）草皮增强垫铺设，纵、横向搭接宽度均不宜小于 15cm。在临水工程中，横向宜按顺水流方向搭接，纵向宜顺坡向搭接，搭接宽度可增加至 20cm。

（2）采用特拉锚垫的临水边坡护脚或护底结构可根据《堤防工程设计规范》（GB 50286—2013）的要求确定。

（3）草皮增强垫铺设区域边缘宜设置锚固沟，沟底宽度及深度均不宜小于 500mm；草皮增强垫埋入时应紧贴沟壁和沟底；锚固沟宜采用无黏性土回填，回填土的相对密实度应不小于 90%。

（4）岸坡工程排水应按《建筑边坡工程技术规范》（GB 50330—2013）的要求确定。

2.4.6　特拉锚垫施工

特拉锚垫施工前应完成坡面的验收工作，特拉锚垫施工工序为：锚固沟开挖、草皮增强垫铺设、特拉锚锚固、锚固沟回填。雨雪天气及风力大于 5 级时，不宜进行特拉锚垫施工。

2.4.6.1　草皮增强垫铺设

草皮增强垫铺设应满足下列要求：

（1）草皮增强垫铺设及搭接方式应符合图 2.4-5 的要求。

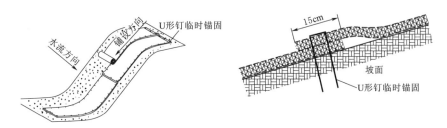

图 2.4-5　草皮增强垫铺设及搭接方式简图

（2）草皮增强垫铺设时应整幅张拉平整、紧贴坡面，不能褶皱、悬空。

（3）草皮增强垫铺设完毕但未锚固前，可在边角处每隔 2～5m 采用 U 形钉临时固定。

2.4.6.2　锚固

采用特拉锚进行锚固时应符合下列要求：

（1）特拉锚施工前宜对锚固位置进行标记。

（2）坡面特拉锚安装时，宜采取从上到下、由中到边的顺序进行施工。单幅施工完成后，应及时移除临时固定措施。

（3）特拉锚安装施工应按以下工序进行，安装方法如图 2.4-6 所示：

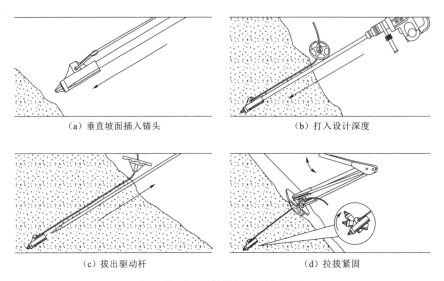

（a）垂直坡面插入锚头　　　　　　（b）打入设计深度

（c）拔出驱动杆　　　　　　　　　（d）拉拔紧固

图 2.4-6　特拉锚施工流程简图

1）将驱动杆插入特拉锚锚头，并与坡面垂直放置。

2）将带有锚头的驱动杆打入土层至设计深度。

3）拔出驱动杆。

4）将锚盘穿在锚索上，由顶部端头滑向地面，与地面平齐。最后采用拉拔器将特拉锚拉紧锚固。

（4）特拉锚应按设计抗拔力的要求拉紧锚固。

（5）特拉锚全部安装完成后，应及时进行锚固沟回填并压实。

（6）螺旋钉安装可通过带卡口的手持电钻旋转钉帽，带动钉身转动锚固于土体，安装方法如图 2.4-7 所示。

（7）特拉钉应垂直坡面打入土体使草皮增强垫紧贴坡面。

（8）临水边坡在度汛后应对松弛的拉锚进行张紧维护工作。

2.4.6.3　专用施工工具

通过现场试验并结合特拉锚垫系统技术特点，自主开发了一系列专用施工工具（图 2.4-8）。这些专用工具具有轻便、易操作的特点，能在实际工程应用中提高施工效率，节省成本，对于技术的推广可起到有力支撑。

（a）安装钉帽

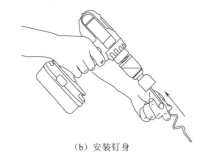

（b）安装钉身

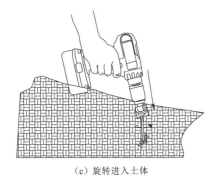

（c）旋转进入土体

（d）安装完毕的效果

图 2.4-7　螺旋钉施工流程简图

2.4.6.4　施工质量检查

特拉锚垫施工完成后的质量检查可按照以下要求进行：

（1）特拉锚垫的施工质量评定与验收，宜按照单元工程来评定。护坡工程应按施工段划分单元工程，每个单元工程长度不宜超过 100m，具体可参照《水利水电工程单元工程施工质量验收评定标准——堤防工程》（SL 634—2012）及相关标准进行验收评定。

（a）专用施工工具　　（b）施工现场

图 2.4-8　特拉锚垫系统专用施工工具

（2）特拉锚垫安装完成后应进行施工质量检查，特拉锚垫安装实测项目应符合表 2.4-12 的要求。

表 2.4-12　　　　　　　　特拉锚垫安装实测项目

序号	项　　目	允许偏差	检查方法	检测数量
1	锚固间距/m	允许偏差为设计间距的±5%	量测	每 1000m² 抽查 50 个

续表

序号	项　目	允许偏差	检查方法	检测数量
2	锚固沟尺寸/m	允许偏差为设计尺寸的±10%	观察、量测	全数检查
3	草皮增强垫搭接宽度/mm	符合设计要求	观察、量测	全数检查
4	特拉锚拉力	符合设计要求	现场拉拔力试验	每 1000m² 抽查 30 个

2.5　特拉锚垫生态护坡模型试验研究

2.5.1　试验目的和任务

　　针对三峡库区消落带特点，基于特拉锚垫生态护坡技术，采用资料分析、水槽试验、现场试验等手段，开展特拉锚垫生态护坡技术在三峡库区消落带的适应性研究，获得其水土保持性能、抗冲刷能力、环境污染防治性能等特性。

2.5.2　试验内容

　　通过水槽试验和现场原型试验，研究特拉锚垫生态护坡技术在三峡库区消落带的适应性、水土保持性能、抗冲刷能力、环境污染防治性能等特性。

2.5.2.1　水土保持性能试验

　　在概化水槽两侧布置 1∶1 坡比的原型土体模拟库区消落带的岸壁，沿程分别铺设特拉锚垫防护段和对比参照段（保持土体表面）。试验过程中，调节输入流量和尾水位，控制试验段流速分别为 0.4m/s、0.7m/s、1.0m/s、1.2m/s、1.5m/s、1.7m/s。观测试验段铺设特拉锚垫区域和对比参照区域的岸壁冲刷参数，分析得到特拉锚垫对库区消落带的水土保持能力。

2.5.2.2　污染物影响试验

　　监测土体和水体中含 N、P、C 的浓度，观测特拉锚垫对水体净化能力、减少土壤面源污染能力的影响。试验主要通过水槽试验研究特拉锚垫生态防护技术的水土保持性能，以及监测水体中的 N、P 等富营养物质和重金属等污染物的浓度变化（图 2.5-1）。

图 2.5-1　试验水槽水样分析示意

2.5.3 模型试验

2.5.3.1 水槽模型布置

水槽试验在重庆交通大学河海学院模型试验场布置的 30m 水槽进行，水槽试验段长 30m、宽 2m、高 0.9m，底坡为 0.01。水槽布置如图 2.5-2 所示：

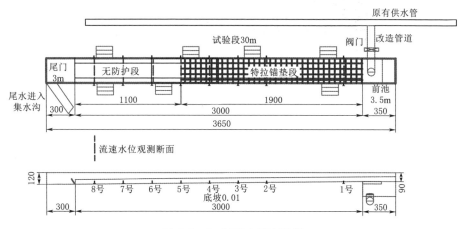

图 2.5-2 试验水槽布置图

水槽共布置 8 个断面，其中 1～5 号断面为特拉锚垫防护段，长约 19m，6～8 号断面为无防护段，长约 11m。1 号断面为水流的调整过渡段，8 号断面为尾水控制段，2～7 号断面之间为试验段。

2.5.3.2 水槽土壤的铺设

根据查阅的文献，三峡库区消落带的松散堆积物结构的坡比基本在 0°～25°范围，考虑较不利因素，水槽内布置的土体边壁坡比为 1∶2。

为了保证土体密实度的一致性和易操作性，在试验前将土体均匀布置在水槽底部，铺设 10cm 用夯土机夯密实。夯土机夯一遍后，用环刀取土样测其密度，控制土的密度在 2.0g/cm³ 左右。再铺设第二层 10cm 的土体，重复上述步骤，直至形成 40cm 高的实体。再于水槽中部挖出边坡 1∶2、底宽 40cm、深度 40cm 的梯形断面水槽，如图 2.5-3 所示。铺设特拉锚垫后，进行冲刷试验。

2.5.3.3 特拉锚垫防护段铺设

水槽共布置特拉锚垫防护段和无防护段两部分，共 8 个断面，其中 1～5 号断面为特拉锚垫防护段，6～8 号断面为无防护段。为了改变水流的形态和防止水流直接冲刷土体，在前池用水泥修建一个与水槽土体梯形相同的过

图 2.5-3　水槽土体梯形断面铺设示意

渡段。

铺设特拉锚垫防护段首先在 1～5 号断面铺设反滤层。然后在反滤层垫上在铺设特拉锚垫。最后用特拉锚钉固定，其中边坡每隔 1m 设 1 个断面，断面用 2 个特拉锚钉固定，河床用普通钉固定。

2.5.4　试验测量方法

2.5.4.1　侵蚀强度测量方法

试验采用埋置测针法来测量土体侵蚀强度。试验开始前，在选定断面布置以一定间距埋置 5～7cm 长的钢针，使得针体末端与土体表面齐平。试验过程中水流冲刷一定时长后，测量针体露出土体的长度，即可得到单位时间内的土体侵蚀深度，进而计算最大侵蚀强度、断面平均侵蚀强度等参数。

试验水槽共有 8 个断面，其中，1～5 号断面为特拉锚垫防护段，6～8 号断面为无防护段。第一阶段试验选取 2 号断面、4 号断面、5 号断面、6 号断面、7 号断面布设测针来研究水流侵蚀强度。其中河岸布置 3 根测针，岸坡每隔 3cm 垂直坡面布置 5 根测针，每隔 5cm 垂直坡面布置 5 根。总共有 23 根测针。

观测侵蚀强度的方法为：在放水前将测针插入土体，直至测针尾端与土体表面平齐。放水过程中记录水流调整好直至停止放水所经历的时长 T。停止放水后，测量测针露出的长度，可以得到试验过程的土体冲刷深度 H_m，并可通过计算得到侵蚀强度：$H_{ce}=H_m/T$。

2.5.4.2　水位流速测量方法

为了监控试验水流条件，需要测量试验过程中的水流条件，包括沿程水位、比降和断面流速。

其中水位采用沿程 8 个断面和尾水断面的左右岸钢制测针测量，精度可达 0.1mm。断面平均水位由该断面左、右侧的测针水位算术平均求得。相应比降由断面间距和断面平均水位推求。断面流速由旋桨式流速仪在断面的左右近岸 10cm 处和中部测量的 3 个表面流速平均求得，测量精度可达 0.01m/s。

2.5.5 化学成分分析

试验需观测特拉锚垫生态防护技术对三峡库区消落带中水体污染物的影响，根据收集的文献成果，分析富营养物质和重金属的变化。其中重金属浓度分析采用试验时最后一次取水，用 0.22μm 滤头过滤 50mL 水样，运用 ICP 设备，采用电感耦合等离子体发射光谱法测定其浓度。

总氮、总磷浓度分析采用试验时两次取水测定的平均值，均采用紫外分光光度计观测。水质总磷的测定用钼酸铵分光光度法测定，水质总氮的测定用过硫酸钾消解紫外可见分光光度法测定。

2.5.6 试验

2.5.6.1 试验方案

（1）特拉锚垫水土保持性能的研究。在试验水槽内控制流速为 0.4m/s、0.7m/s、1.0m/s、1.2m/s、1.5m/s、1.7m/s，测量不同流速下的土体侵蚀速度，得到特拉锚垫＋植被、特拉锚垫、无防护 3 种工况下的水土流失强度。

（2）特拉锚垫对污染物输移影响的研究。测量试验水体、土体的总氮、总磷富营养化因子和重金属含量，冲刷试验过程中，观测特拉锚垫＋植被、特拉锚垫、无防护 3 种工况下水体中的总氮、总磷和重金属含量的变化值，判断特拉锚垫生态防护技术能否减少土壤中污染物向水体中迁移的强度。

2.5.6.2 试验步骤

长江消落带水槽特拉锚垫对岸坡防护试验，控制步骤如下：

（1）调节流量，在小流量调节尾门，升高水位，使水槽内形成低流速高水位壅水。

（2）按照表 2.5－1 流量－流速对应关系调节流量，并记录流量数据。

表 2.5－1   流量－流速对应关系

流量/(L/s)	4.8	17.6	23.5	44.5	110	192
流速/(m/s)	0.4	0.7	1.0	1.2	1.5	1.8

（3）用旋桨流速仪测流速，验证流速是否在控制流速附近。

（4）等待水流稳定，调节尾门，降低水位使水流平顺；读取水尺数据，验证水面线是否正确。

（5）用旋桨流速仪测 8 个断面的流速。

（6）每冲刷 1h 取一次水样，共取 3 次试样，特拉锚垫防护段取 3 个断面分别是在 2 号断面、4 号断面、5 号断面取水样，无防护段取 2 个断面分别是在 6 号断面、7 号断面取水样，用于总氮、总磷、重金属的测量。

（7）试验总共冲刷 4h；待冲刷 3.5h 后测量第二次流速与水尺，用于验证流速与水面线。

（8）待测量结束后，关闭流量，记录关闭流量时数据。对比流量是否有变化。

（9）待水槽中无水时，观测侵蚀强度测针出露长度并记录。

（10）待所有数据记录后，用土把侵蚀部分填平，测针重新布置，然后重复（1）～（9）的步骤。

2.5.6.3　试验工况

1. 试验流速

水槽试验所涉及的变量主要是控制试验段流速。通过调节流量来控制流速。初步拟定流速为 0.4m/s、0.7m/s、1.2m/s、1.2m/s、1.5m/s、1.8m/s。其流量-流速对应关系见表 2.5－1。

2. 试验土体结构

三峡库区消落带根据一级指标岩性来进行土地分类，包括硬岩型、软岩型、松软堆积型 3 种类别：

（1）硬岩型消落带，面积为 37.55km²，该区地形陡峭，坡度一般在 30°以上；消落带河谷狭窄，宽度仅 100～300m，主要由坚硬的碳酸盐类岩石和砂岩等组成，地表基岩裸露，松散堆积物和植被较少。

大多数硬岩陡坡型消落带地处农村，保持原有自然状态，耕地和居民很少。它的主要生态环境问题是危岩（崩塌）。据调查资料，三峡库区消落带共有危岩（崩塌）37 处。这些危岩一旦发生崩塌，可能造成较大的危害，尤其是对河流航运和游客的安全构成严重威胁。

（2）软岩型消落带，面积为 186.47km²，占消落带总面积的 55.8%。广泛分布于向斜构造，由三叠系巴东组钙质泥岩、泥灰岩或侏罗系紫色砂、泥岩互层构成。该类型区域除大量软岩分布外，还断续存在河漫滩、阶地，因此消落带呈阶梯状。

（3）松软堆积型消落带。

1）沿岸松软堆积型消落带。其面积为 55.78km²，水深一般在 5～15m，坡度一般小于 25°，由于水流速度缓慢，河流泥沙大量沉积形成较宽的河滩和阶地。经过长期的开发利用，阶地和缓坡地大多开发成为耕地。三峡水库建成后，在 175.00m 水位蓄水期间，该区的库水流动更加缓慢，更有利于泥沙和污染物的沉积，因此消落带的生态环境质量可能降低。

如开县县城消落带位于长江支流的小江流域，地表高程均大于 145.00m，水库低水位运行时，消落带的宽度除局部小于 100m 外，一般在 220～800m。因此，为典型的松软堆积缓坡平坝消落带。由于在县城附近受人为影响比较严重，水库蓄水以后，消落带造成严重污染问题。在夏季退水时，大片平坦的消落带可能沉淀大量的淤泥和污染物，形成大面积的污染地带；即使在有一定坡度，面积不大的消落带上，局部的低洼地方因排水不净，可能形成零星小面积的死水塘，不仅视觉污染严重，还影响环境卫生。更重要的是，头一年沉淀在消落带内的污染物，又将成为第二年的水体污染源，年复一年，周而复始，经过半年左右浸泡的泥土，不易排水，污染伴着垃圾、杂草，不仅造成景观破坏，而且在高温下极有可能产生异臭，滋生病菌，导致流行病发生。

2）库尾松软堆积型消落带。其地处消落带库尾末端，由此将其称为库尾消落带，面积为 26.73km^2，水深一般在 15～30m，坡度一般小于 15°，该区位于三峡水库的回水末端，库水流速慢，河流带来的泥沙在回水末端大量沉积，形成库尾沉积三角洲。另外，河流带来的大量污染物也会在回水末端聚集，使回水末端成为严重污染的地带。该区四周基岩破碎，易风化侵蚀，又多开垦为耕地，暴雨期水土流失严重，加之地处水库末端，泥沙将在消落带内大量淤积，抬高河床，加重洪灾。

3）湖盆松软堆积型消落带。该带位于铺溪湖附近，由此属于湖盆消落带，面积为 32.84km^2，坡度在 5°～15° 之间，水深在 15～30m 之间。此消落带地势平坦，土地肥沃，农业生产悠久，土地熟化程度高，人口密度相对较大，消落带和水面均广阔，可作为三峡库区生物多样性保护区进行培育。

4）岛屿松软堆积型消落带。此类消落带专指 175.00m 水位还有陆地分布的周围消落带，不包括 145.00m 水位时成陆的滩涂地，如忠县的皇华岛，丰都县丰收坝，涪陵县坪西坝、太平坝，渝北—巴南河段的中坝、中江坝、南坪坝、大中坝，南岸区广阳坝等。总面积为 9.55km^2。

因此，特拉锚垫生态防护技术适用于占三峡消落带面积 35.8% 的松软堆积型消落带的治理，能为其提供有效的生态修复解决方案。

根据文献和收集到的 GIS 数据，三峡库区重庆主城河段的消落带主要表层覆盖物为紫红色的石英砂岩和泥岩的风化泥土，其分布面积约占 35%。因此可以将该土壤作为水槽试验用的土体。

目前，已在重庆主城附近的巴南鱼洞段、南岸李家沱段、鸡冠石段、郭家沱段进行了实地踏勘，取样土体基本与资料及文献的土壤成分相符。确定在郭家沱段进行取土，作为水槽试验用土壤。

根据查阅的文献，松散堆积物结构的坡比基本在 $0°\sim25°$，考虑较不利因素，水槽内布置的土体边壁坡比为 $1:2$。

2.5.7　试验结果及数据分析

2.5.7.1　试验条件控制

根据确定的试验流速，试验过程中调节流量得到其流速见表 2.5 - 2。

表 2.5 - 2　　　　　　　　　　水槽试验段断面平均流速

断面号	沿程距离/m	$Q=4.8L/s$	$Q=17.6L/s$	$Q=44.5L/s$	$Q=24.5L/s$	$Q=113L/s$	$Q=192L/s$
2	10	0.47	0.88	1.20	1.04	1.45	1.76
3	13	0.51	0.94	1.19	1.08	1.38	1.58
4	16	0.43	0.75	1.16	0.92	1.42	1.72
5	19	0.51	0.84	1.21	0.98	1.36	1.61
6	22	0.41	1.03	1.25	1.09	1.43	1.78
7	25	0.51	0.98	1.23	0.92	1.44	1.75

从表 2.5 - 2 可知试验时平均流速控制基本与拟定工况的流速相吻合。

试验水槽底坡比降为 1%。试验时水槽沿程水位与水槽底坡比降 1% 吻合程度较好，说明在水槽试验段的水流条件为水深基本恒定的均匀流。

2.5.7.2　侵蚀强度

试验水槽共有 8 个断面，其中 1～5 号断面为特拉锚垫防护段，6～8 号断面为无防护段。试验选取 2 号断面、4 号断面、5 号断面、6 号断面、7 号断面布设测针来研究水流侵蚀强度。其中河岸布置 3 根测针，岸坡每隔 3cm 垂直坡面布置 5 根测针，每隔 5cm 垂直坡面布置 5 根。总共有 23 根测针。待放水结束后观察测针露出长度，计算流水侵蚀强度。

以 4 号断面为特拉锚垫段典型防护断面，以 7 号断面为无防护段典型断面，研究其最大冲刷深度，得到的水槽试验侵蚀深度统计数据见表 2.5 - 3。

表 2.5 - 3　　　　　　　　　　水槽试验侵蚀深度统计

	流速 $v=0.4m/s$		最大侵蚀深度/mm		
针号	平距/cm	备注	7 号断面（无防护段）	4 号断面（特拉锚垫段）	差值
8	74.5	左岸	1.5	0	1.5
9	77.3	左岸	3	0	3.0
10	80.0	左岸	2.5	0	2.5

续表

针号	平距/cm	备注	7号断面 （无防护段）	4号断面 （特拉锚垫段）	差值
11	80.0	河床	0	0	0.0
12	100.0	河床	1	0	1.0
13	120.0	河床	0	0	0.0
14	120.0	右岸	1	0	1.0
15	122.7	右岸	4	0	4.0
16	125.5	右岸	3	1	2.0

流速 $v=0.7$m/s			最大侵蚀深度/mm		
针号	平距/cm	备注	7号断面 （无防护段）	4号断面 （特拉锚垫段）	差值
7	71.8	左岸	2	1.0	1.0
8	74.5	左岸	4	0.5	3.5
9	77.3	左岸	3	1	2.0
10	80.0	左岸	2	0	2.0
11	80.0	河床	3	0	3.0
12	100.0	河床	2	0	2.0
13	120.0	河床	6	0	6.0
14	120.0	右岸	1	0	1.0
15	122.7	右岸	1	0	1.0
16	125.5	右岸	1	0	1.0
17	128.2	右岸	1	1	0.0

流速 $v=1.0$m/s			最大侵蚀深度/mm		
针号	平距/cm	备注	7号断面 （无防护段）	4号断面 （特拉锚垫段）	差值
3	57.1	左岸	1	0	1.0
4	61.7	左岸	1	0	1.0
5	66.3	左岸	3	0	3.0
6	69.0	左岸	1	0	1.0
7	71.8	左岸	3	0	3.0
8	74.5	左岸	2	1	1.0
9	77.3	左岸	4	1	3.0
10	80.0	左岸	3	0	3.0

续表

针号	平距/cm	备注	7 号断面（无防护段）	4 号断面（特拉锚垫段）	差值
11	80.0	河床	3	0	3.0
12	100.0	河床	1	0	0.0
13	120.0	河床	0	0	0.0
14	120.0	右岸	1	0	1.0
15	122.7	右岸	2	1	1.0
16	125.5	右岸	1	1	0.0
17	128.2	右岸	3	0	3.0
18	131.0	右岸	2	0	2.0
19	133.7	右岸	3	0	3.0

流速 $v = 1.2 \text{m/s}$			最大侵蚀深度/mm		
针号	平距/cm	备注	7 号断面（无防护段）	4 号断面（特拉锚垫段）	差值
4	61.7	左岸	4	0	4.0
5	66.3	左岸	1	0	1.0
6	69.0	左岸	3	0	3.0
7	71.8	左岸	4	0	4.0
8	74.5	左岸	5	1	4.0
9	77.3	左岸	2	1	1.0
10	80.0	左岸	7	0	7.0
11	80.0	河床	1	0	1.0
12	100.0	河床	2	0	1.0
13	120.0	河床	3	0	3.0
14	120.0	右岸	2	1	1.0
15	122.7	右岸	2	1	1.0
16	125.5	右岸	2	1	1.0
17	128.2	右岸	1	1	0.0
18	131.0	右岸	1	0	1.0
19	133.7	右岸	1	0	1.0
20	138.3	右岸	1	0	1.0

续表

流速 $v=1.5\text{m/s}$			最大侵蚀深度/mm		
针号	平距/cm	备注	7号断面 (无防护段)	4号断面 (特拉锚垫段)	差值
2	52.5	左岸	8	0	8.0
3	57.1	左岸	16	0	16.0
4	61.7	左岸	26	0	26.0
5	66.3	左岸	24	0	24.0
6	69.0	左岸	16	0	16.0
7	71.8	左岸	15	1	14.0
8	74.5	左岸	7	2	5.0
9	77.3	左岸	6	1	5.0
10	80.0	左岸	4	2	2.0
11	80.0	河床	2	1	1.0
12	100.0	河床	4	0	4.0
13	120.0	河床	3	1	2.0
14	120.0	右岸	3	1	2.0
15	122.7	右岸	2	2	0.0
16	125.5	右岸	3	0	3.0
17	128.2	右岸	4	1	3.0
18	131.0	右岸	1	0	1.0
19	133.7	右岸	2	0	2.0
20	138.3	右岸	1	0	1.0
21	142.9	右岸	1	0	1.0
22	147.4851122	右岸	2	0	2.0
流速 $v=1.7\text{m/s}$			最大侵蚀深度/mm		
针号	平距/cm	备注	7号断面 (无防护段)	4号断面 (特拉锚垫段)	差值
1	47.9	左岸	3	0	3.0
2	52.5	左岸	6	0	6.0
3	57.1	左岸	3	0	3.0
4	61.7	左岸	2	0	2.0

续表

针号	平距/cm	备注	7 号断面 （无防护段）	4 号断面 （特拉锚垫段）	差值
5	66.3	左岸	2	0	2.0
6	69.0	左岸	5	2	3.0
7	71.8	左岸	4	1	4.0
8	74.5	左岸	3	1	2.0
9	77.3	左岸	3	1	2.0
10	80.0	左岸	3	2	1.0
11	80.0	河床	10	1	9.0
12	100.0	河床	14	0	14.0
13	120.0	河床	9	1	8.0
14	120.0	右岸	4	1	3.0
15	122.7	右岸	7	2	5.0
16	125.5	右岸	3	0	3.0
17	128.2	右岸	2	1	2.0
18	131.0	右岸	2	0	2.0
19	133.7	右岸	1	0	1.0
20	138.3	右岸	2	0	2.0
21	142.9	右岸	2	0	2.0
22	147.5	右岸	2	0	2.0

从表 2.5-3 中可以得到，随着流速的增大，无防护段的侵蚀深度也在增加，特拉锚垫对水土流失的保护效果也在增强。在流速 $v=0.4\text{m/s}$ 时，无防护段最大侵蚀深度为 4mm，而特拉锚垫防护段无侵蚀。在流速 $v=0.4\sim0.7\text{m/s}$ 时，特拉锚垫可减少 80% 以上的水土流失，侵蚀深度差值最大可达到 6mm。平均侵蚀深度差值在 1.8~1.9mm。可见特拉锚垫在低流速下对水土流失有很好的保护作用。在大流速 $v=1.0\sim1.7\text{m/s}$ 时，侵蚀深度差值最大可达到 26mm（在 $v=1.5\text{m/s}$ 时），平均侵蚀深度差值在 1.4~6mm 之间，特拉锚垫可减少 89%~93% 的水土流失。特拉锚垫可平均减少 92% 以上的水土流失。

表 2.5-4 给出了土体平均侵蚀深度统计，由该表可见，特拉锚垫在 0.4~1.7m/s 流速范围内，对水土流失有明显的防护作用。

表 2.5 - 4　　　　　　　　　土体平均侵蚀深度统计

冲刷流速 v/(m/s)	水面宽度 B /cm	7 号面积 $S_{无防护}$ /cm²	4 号面积 $S_{防护}$ /cm²	7 号断面 (无防护段)	4 号断面 (特拉锚垫段)	特拉锚垫段 相对冲刷强度
0.4	51	5.52	0.6	0.025	0.003	11%
0.8	56	12	1.05	0.054	0.004	9%
1.0	64	14.40	1.2	0.056	0.005	8%
1.2	67	18.65	1.5	0.070	0.006	8%
1.4	99	67.65	4.55	0.228	0.015	7%
1.7	118	64.15	4.85	0.036	0.027	8%
特拉锚垫段平均相对冲刷强度（$H_{特拉锚垫段}/H_{无防护段}\times100\%$）						8%

平均侵蚀深度 H_a 计算公式为：$$H_a = \frac{S}{B}$$

式中：H_a 为平均侵蚀深度；S 为侵蚀断面面积；B 为水面宽度。

图 2.5 - 4 是平均侵蚀深度随流速变化图，从该图可看出，随着流速的增大，无防护段的平均侵蚀深度在急剧增加，而特拉锚垫的平均侵蚀深度随着流速的增大，侵蚀强度增加缓慢，趋于平顺。特拉锚垫的防护效果明显。

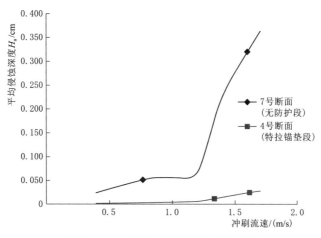

图 2.5 - 4　平均侵蚀深度随流速变化

表 2.5 - 5 是侵蚀强度对比分析表，由该表可见，特拉锚垫段的土体侵蚀强度约为无防护段的 19.25%。图 2.5 - 5 是土体侵蚀强度随流速变化图，从该图可知，在小流速下无防护段与特拉锚垫防护段两者侵蚀强度增幅不大，特拉锚垫对于侵蚀强度具有一定的减少作用。当流速大于 1.0m/s 时无防护段侵蚀强度急剧增加，而特拉锚垫防护段以线性关系增加，此时特拉锚垫防护段对减小侵蚀强度具有很好的效果。

表 2.5 − 5　　　　　　侵蚀强度对比分析表

v /(m/s)	T/h	无防护段最大侵蚀深度 H_m/cm	无防护段侵蚀强度 H_{ce}/(cm/h)	特拉锚垫段最大侵蚀深度 H_m/cm	特拉锚垫段侵蚀强度 H_{ce}/(cm/h)	相对侵蚀强度 /%
0.4	4.3	0.4	0.09	0.1	0.02	22.22
0.8	4.0	0.4	0.10	0.1	0.03	26.30
1.0	4.0	0.4	0.10	0.1	0.03	28.30
1.2	4.0	0.7	0.18	0.1	0.03	16.67
1.4	3.0	2.6	0.87	0.2	0.07	8.05
1.7	1.5	1.4	0.93	0.2	0.13	13.98
特拉锚垫段平均相对侵蚀强度（$H_{ce特拉锚垫段}/H_{ce无防护段}\times100\%$）						19.25

注　侵蚀强度 H_{ce}＝最大侵蚀深度 H_m/时长 T。

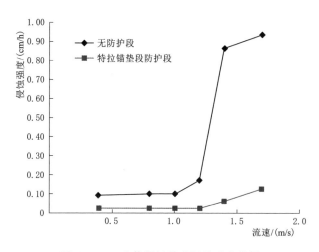

图 2.5 − 5　土体侵蚀强度随流速变化图

　　水槽试验数据表明，特拉锚垫生态防护技术能有效地降低土体的侵蚀强度。

2.5.7.3　化学成分分析

　　（1）重金属浓度分析。重金属浓度分析采用试验时最后一次取水，用 $0.22\mu m$ 滤头过滤 50mL 水样，采用电感耦合等离子体发射光谱法测定其浓度。试验选取长江水中含量较高的 6 种重金属来测量其浓度，用于研究分析。

　　从表 2.5 − 6 表可得到，6 种重金属 Zn、Pb、Cd、Cr、Cu、As 中，只有 Pb、Cu、As 测得其浓度变化。通过查阅文献发现长江消落带重金属污染主要富集在消落带土壤和底泥中，水中游离态的重金属含量很低。本次试验用水为循环自来水，故只测得 Pb、Cu、As 3 种重金属元素。

表 2.5-6 主要重金属含量表

流速 /(m/s)	断 面	重金属浓度/(mg/L)					
		Zn	Pb	Cd	Cr	Cu	As
0.4	特拉锚垫防护段	0	0.03375	0	0	0.00215	0.0037
	无防护段	0	0.02035	0	0	0.00305	0.01335
0.7	特拉锚垫防护段	0	0.0305	0	0	0.0022	0.00625
	无防护段	0	0.0335	0	0	0.0036	0.01235
1.0	特拉锚垫防护段	0	0.01545	0	0	0.00235	0.0088
	无防护段	0	0.0306	0	0	0.0036	0.01145
1.2	特拉锚垫防护段	0	0.0301	0	0	0.00255	0.0075
	无防护段	0	0.02955	0	0	0.00265	0.01185
1.5	特拉锚垫防护段	0	0.02285	0	0	0.0032	0.00135
	无防护段	0	0.022	0	0	0.00335	0.01045

从表 2.5-6 可知，水样中测得的重金属含量均较小，均低于国家水质标准的含量。其中，砷 As 和铜 Cu 的含量，特拉锚垫防护段的含量均小于无防护段，而铅 Pb 的含量无规律性变化。说明特拉锚垫的防护对土体中 As、Cu 向水体释放的过程有一定影响，能减少水体中的重金属含量。

（2）富营养物质分析。

1）总磷含量变化。常见的表征富营养化物质的化学参数包括总氮（N）、总磷（P）和叶绿素。考虑试验室目前的测量手段和操作的方便性，试验选择总氮、总磷作为表征富营养化物质的指标。总氮、总磷浓度分析采用试验时两次取水测定的平均值，水样总磷的测定用钼酸铵分光光度法测定，水样总氮的测定用过硫酸钾消解紫外可见分光光度法测定。试验用水为循环自来水，故测得其浓度偏低。

从表 2.5-7 可得，特拉锚垫段与无防护段对比进口段总磷含量都增加了。但是特拉锚垫段与无防护段对比相对来说增加量少，例如，当 $v=0.4$m/s 时特拉锚垫段总磷增幅 4.0%，而无防护段总磷增幅 25.1%。从整理的数据可见，特拉锚垫段总磷平均增幅在 16.9%，无防护段平均增幅在 22.7%，也就是说特拉锚垫段降低了总磷释放到水体中的含量，释放率降为无防护段的 74.4%。

表 2.5-7 水样总磷含量统计

流速 /(m/s)	进口段	特拉锚垫段		无防护段	
		含量/(mg/L)	增幅/%	含量/(mg/L)	增幅/%
0.4	0.0420	0.0437	4.0	0.0525	25.1

流速 /(m/s)	进口段	特拉锚垫段		无防护段	
		含量/(mg/L)	增幅/%	含量/(mg/L)	增幅/%
0.7	0.0253	0.0320	26.3	0.0345	36.2
1.2	0.0453	0.0495	9.2	0.0491	8.3
1.0	0.0600	0.0703	17.2	0.0657	9.6
1.5	0.0737	0.0903	22.6	0.0866	17.5
1.7	0.0637	0.0778	22.2	0.0886	39.3
平均增幅			16.9		22.7

以上分析表明，特拉锚垫生态防护技术可以防止库区消落带土壤中的总磷冲刷到水体中，能有效降低富营养物质对库区水体的污染。

2）总氮含量变化。从表 2.5-8 可得，总氮的含量在沿程减小，尤其在无防护段减少量更大。在特拉锚垫段平均增幅在－9.6%，而无防护段平均增幅在－17.6%。分析其可能发生的原因，说明水流中的总氮，包括氨态氮（简称氨氮）和硝态氮等无机氮和有机氮，在水流流经土体和特拉锚垫段时，部分总氮被土壤吸附，造成了总氮含量降低。

表 2.5-8 水样总氮含量统计

流速 /(m/s)	进口段	特拉锚垫段		无防护段	
		含量/(mg/L)	增幅/%	含量/(mg/L)	增幅/%
0.4	1.580	1.421	－10.1	1.054	－33.3
0.7	1.041	0.902	－13.3	0.846	－18.7
1.2	1.344	1.274	－5.2	1.246	－7.3
1.0	1.254	1.167	－6.9	1.111	－11.4
1.5	1.198	1.071	－10.5	1.027	－14.3
1.7	1.029	0.911	－11.5	0.816	－20.7
平均增幅			－9.6		－17.6

2.5.8 试验研究结论

通过对本次水槽试验所得数据进行分析后，得到以下结论：

（1）特拉锚垫在库区消落带的水土保持性能方面具有良好保护作用。水槽试验数据表明，特拉锚垫防护的土体侵蚀强度约为无防护段的 8%，可有效减少库区的水土流失。无防护段侵蚀强度随流速增大急剧增加，而特拉锚垫防护段侵蚀强度以线性关系增加，特拉锚垫防护段对减小水流侵蚀强度具有明显效果。

（2）特拉锚垫生态防护技术对土壤中的总磷释放到水体的过程有一定的减少效应，试验水样监测数据表明，防护段释放到水体中的总磷为无防护段的 74.4％。由此可见，特拉锚垫生态防护技术可以有效减少库区水体中的富营养化物质的含量。

（3）试验中特拉锚垫生态防护技术在重金属 As、Cu 的含量均低于无防护段，而 Pb 与总氮等污染物在水体中的浓度方面，均无明显的影响趋势。

2.6　特拉锚垫生态护坡适配植物特性研究

2.6.1　狗牙根生长特性试验研究

为研究耐淹性植物的生长特性，使之与特拉锚垫施工方案项配合，针对狗牙根在不同温度、光照、灌水条件下的生长周期变化规律，同时开展了特拉锚垫对植物生长影响、植物耐淹性能试验研究，试验分组如图 2.6-1 所示。

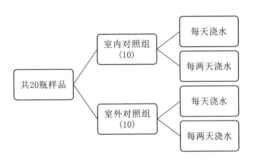

图 2.6-1　试验分组示意图

2.6.1.1　春季试验

本试验自 3 月 21 日开始培养，狗牙根最快的发芽时间仅需 3d，具体发芽时间见图 2.6-2。试验中，前期观察较为频繁，后期每 5d 观察测量一次。由于每组试验中植物株数不多，在前期测量植物根长后决定不再测其根长变化。

8 组培养瓶试验于 3 月 19 日种植，于 3 月 24 日生长出 0.3cm 左右的小绿芽，但密度较低，只有零星的三四颗。至 3 月 31 日，种子发芽数量增多，长出的狗牙根根茎也较长，最长茎达 5cm。待经过 20d 左右的悉心培育后，8 组试验平均每组的发芽数为 37 颗，平均发芽率为 74％。培养 30d 后，狗牙根的最长茎长生长到 9cm。

春季狗牙根种植 5d 后即有部分种子发芽，数据统计培养瓶中平均发芽率为 69％，最低发芽率为 40％，最高发芽率为 80％（表 2.6-1）。由于种植时不可控因素太多，有可能是由于播撒种子不均匀，或者浇水不均匀等客观原因造成的。

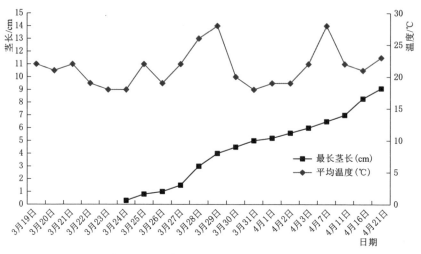

图 2.6 - 2 狗牙根茎长生长周期（春季）

表 2.6 - 1 狗 牙 根 种 子 发 芽 率

编号	种子数/颗	发芽数/颗	发芽率/%	编号	种子数/颗	发芽数/颗	发芽率/%
1	50	37	74	6	50	39	78
2	50	35	70	7	50	40	80
3	50	31	62	8	50	37	74
4	50	38	76	平均发芽率		34.6	69
5	50	20	40				

　　狗牙根种子种植 8d 后狗牙根长出最长茎长可达 2.8cm，最短茎长为 0.8cm，与此同时，其相应根系的生长长度最长也可以达到 2cm。根据图 2.6 - 2，培育时间 1 个月后，狗牙根茎叶长度可达到 10cm 左右。

　　根据生长记录数据分析狗牙根茎的生长速率，以种子发芽后首次测量茎长的长度为生长天数的第一天，依次进行计算，茎长生长速率以天为单位，即狗牙根茎长相较于前一天的生长高度并除以一天。如图 2.6 - 3 所示，发芽后前期茎长生长率相对较低，5d 左右茎长生长率逐渐增长，8d 后茎长生长率又逐渐下降，狗牙根茎长生长率整体的变化趋势为慢—快—慢。

2.6.1.2 秋季试验

　　为观察季节不同是否对狗牙根的生长有影响，在 2019 年 10 月底又进行了一组狗牙根生长特性观察试验。本试验自 10 月 31 日开始培养。试验中，前期观察较为频繁，后期每 5d 观察测量一次。由于每组试验中植物株数不多，在前期测量植物根长后决定不再测其根长变化。

　　图 2.6 - 4 为秋季试验 10 组室外培养瓶的狗牙根生长特性记录总数据，在

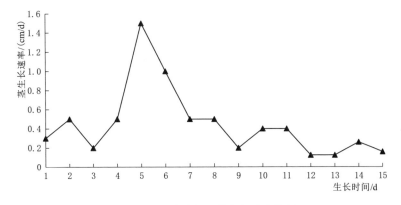

图 2.6-3　狗牙根茎的生长速率统计

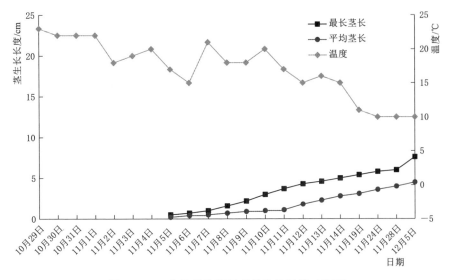

图 2.6-4　室外组狗牙根茎长生长周期（秋季）

温度范围为 10～23℃、湿度范围为 56%～60% 条件下，于 10 月 29 日种植，在种植的 7d 后即 11 月 5 日观察生长出部分小绿芽，最长绿芽长度达 0.5cm。至 11 月 13 日，种子发芽数量增多，长出狗牙根根茎也较长，最长茎长达到 4.3cm。经过 20d 左右的培育，10 组培育瓶中生长较密，发芽率较高。培育观察至 12 月 5 日，狗牙根的最长茎长生长到 7.6cm。

　　根据生长记录数据分析狗牙根的茎长生长速率，以种子发芽后首次测量茎长的长度为生长天数的第一天，依次进行计算，茎长生长速率以天为单位，即狗牙根茎长相较于前一天的生长高度除以一天。如图 2.6-5 所示，发芽后前期茎长生长速率相对较低，生长至 4～8d 茎长生长速率逐渐增长，8d 后茎长生长速率又逐渐下降，狗牙根茎长生长速率整体的变化趋势为慢—快—慢。在种植 10d 后，天气逐渐变冷，室外平均温度降低为 10℃，狗牙根的茎长生长速率也随之降低至 0.1～0.2cm/d。

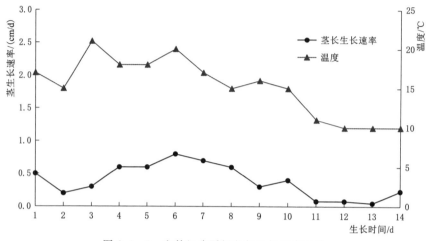

图 2.6-5　室外组狗牙根茎长生长速率统计

室内组也一共布置 10 个培养瓶，置于办公室内，仅有室内光照，室内温度变化在 20～25℃ 范围内，湿度变化为 56%～60%，和室外组在同一天种植。

试验于 10 月 29 日种植，种植后的第 5 天观察时，即有部分长出嫩芽，嫩芽茎长最长可达 1.9cm，根系最长生长至 2.3cm。至 11 月 10 日观察时，种子发芽数量增多，狗牙根茎叶生长长度为 5cm，密度也较之前增大。

室内组与室外组对比可得，室内组发芽时间早，仅需 4～5d 狗牙根即可发芽，且茎叶及根系生长速率较室外组快速，整体狗牙根茎叶生长密度与长度都相较室外组好。

2.6.1.3　数据分析与结论

（1）春季、秋季试验组数据对比分析。通过狗牙根春季与秋季两个不同季节条件下的生长情况观察，下面对试验所得数据进行对比分析（图 2.6-6）。

由图 2.6-6 可以看出，春季狗牙根在撒种第 5 天发芽，而秋季则是在第 7 天发芽，秋季比春季发芽时间晚些。两个季节的狗牙根茎生长趋势相同，春季曲线整体都在秋季上方。其中，春季温度与秋季温度前期基本相同，但从第 7 天开始，秋季温度相对春季温度较低，温度对狗牙根茎生长长度有影响，温度相对高些条件下，狗牙根茎生长得更好。

为证实外界温度对于狗牙根发芽期有影响，在冬季 11 月 26 日再次种植了一批狗牙根试验样本，在气温 8～12℃ 条件下，狗牙根的发芽期为 8～10d，

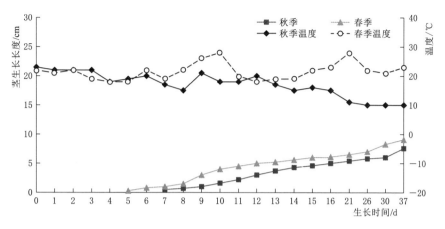

图 2.6-6　春季与秋季狗牙根茎生长长度对比

相较于春季与秋季都延长了。因此，可以表明不同外界温度条件下对于狗牙根的发芽期及茎叶生长长度是有影响的，春季温度趋于升高趋势，发芽期最短为 3～5d；秋季温度趋势走向降低，发芽期为 5～7d；冬季温度相对较低，发芽期为 8～10d。

图 2.6-7 为春季与秋季狗牙根茎长生长速率对比。春、秋试验组的茎长生长速率变化趋势都是慢—快—慢。春季试验组的茎叶生长速率比秋季试验组更快。

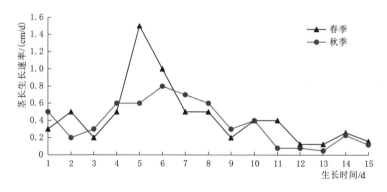

图 2.6-7　春季与秋季狗牙根茎长生长速率对比

（2）试验结论总结。通过对狗牙根进行春季与秋季生长跟踪观察记录，可以得出以下结论：

1）狗牙根室外环境中，春季（温度范围为 18～25℃、湿度为 56%～60%）时 3～5d 时间就可以发芽；秋季（温度范围为 10～23℃、湿度为56%～60%）时需要 5～7d 时间。秋季相较于春季发芽时间长些。

2）在同一季节下，秋季试验组分为室内组与室外组在同一时间、相同数量的试验组进行对比试验。试验数据表明，室内组的发芽期在 3～5d，相较于室外组发芽时间短，且对两组茎叶生长高度进行测量对比分析，室内组的茎叶生长速率比室外组快。

3）关于狗牙根的发芽率，在春季试验组中进行统计，狗牙根种子平均发芽率为 69%，最低发芽率为 40%，最高发芽率为 80%。种植时不可控因素太多，有可能是由于播撒种子不均匀，或者浇水不均匀等客观原因造成的。

4）根据生长观察数据，得出狗牙根的茎长生长速率，春季与秋季两组试验组的茎长生长速率变化趋势都是慢—快—慢。春季较秋季生长速率快，最大可达 1.6cm/d。且秋季后期温度逐渐降低，生长速率降至 0.1～0.2cm/d，说明温度在一定范围内对于狗牙根茎长生长速率有影响。

2.6.2　狗牙根的耐淹性试验研究

三峡水库在冬季蓄水，夏季泄洪，淹水时间发生在植物非生长季节，并且淹水时间长，海拔 145.00m 处的淹水时间可长达半年以上。经调查选取的狗牙根在库区消落带 145～175m 范围内都有生长，故说明其在高水位期间也可以存活。为了了解狗牙根在水淹条件下是否可以存活，是否可继续生长，茎叶状态是否有变化，进行了狗牙根的耐淹性试验研究。

2.6.2.1　试验材料与方法

（1）试验材料：采用 3 月培育生长的狗牙根进行试验。

（2）试验方法：试验于 2019 年 4 月底开始，设置两个试验组：对照组及完全水淹组。将狗牙根种子生长培育一段时间后，再选取植株长势基本相似的进行随机分组，分为对照组和全淹组。全淹组植株放置于注满水的透明水瓶中。试验处理共持续 60d，至 6 月底结束。

试验期间每 10d 观察植株是否存活、根系长度变化、茎叶长度变化并拍照记录。

2.6.2.2　试验数据分析

将培育好的狗牙根整个移栽到瓶口更深的瓶子里面，加水至将狗牙根完全淹没状态。试验共进行了 60d，每 10d 对其进行观察，在水淹条件下，狗牙根的存活率为 97%。由此说明，狗牙根的水淹耐受能力很强。

根据测量记录数据显示，全淹处理的狗牙根植株经历 60d 后，总茎叶长度无明显降低，且茎叶数量基本保持不变，对照组的总茎叶长度在 60d 生长后有显著增加，且总茎叶数量高于全淹处理植株。

狗牙根经过水淹后，大部分茎叶未出现枯萎或死亡的状态，根茎部长出部分小结节,该结节为狗牙根储存的能量,待淹水结束后,结节会释放储存的能量加快狗牙根的生长速率。

2.6.2.3 讨论

早期对于狗牙根的研究大多是作为草坪草来研究的,自从消落带的问题出现,需要对其进行生态防护,狗牙根在边坡防护中就有相关应用研究,再经过现场调查发现狗牙根在消落带的范围内分布很广,因其生长周期短、耐淹性、耐寒性等特性使其在库区生态变化后依旧可以生存下来,故深入了解消落带的植被分布就需要对狗牙根的耐淹性进行研究。

2003 年,刘云峰在三峡库区消落带实地进行了狗牙根的适生试验,将狗牙根放置于不同高度的水深条件进行水淹处理,试验结果表明狗牙根在 0~25m 水深中、持续反季节淹没 189d 条件下仍能保持存活状态,水淹处理后出水再对植株进行露天培养,经过 7~15d 后即可恢复植株正常生长。

王海峰对包括狗牙根的 4 种岸生植物进行了完全水淹对比试验,研究结果表明,狗牙根在水淹 180d 后仍可存活,且存活率为 100%。而经过水淹处理后的狗牙根生长速率显著高于未水淹的狗牙根对照组,分析其结果发现由于狗牙根遭受长期完全水淹后,植株在水下无法继续生长从而进行了营养储备,在出水后,储备的营养为恢复生长提供了能量,因此提高了狗牙根的生长速率。

为研究消落带的狗牙根是否有变化,谭淑瑞进行了对比试验,选取了三峡库区自然消落带野生狗牙根和非消落带野生狗牙根作为研究对象,经过相同的水淹处理后测量植株的碳水化合物与酶活性含量变化情况。试验结果表明,狗牙根本身具有一定的耐淹性,而自然消落带生长的狗牙根由于受到环境的水淹胁迫影响,对其耐淹性的能力进行了提升。陈芳清通过对狗牙根植株的叶绿素比例进行试验研究,将水淹后的与对照组分别进行测量,结果发现水淹处理后的狗牙根叶绿素比例显著大于对照组。因此从狗牙根自身的耐淹性及其对环境改变后的生理响应上,证明狗牙根是适宜用于三峡库区消落带生态修复的物种。

总的来说,狗牙根的耐淹性强,可以被水淹 180d 后依旧保存植株根茎,在水淹结束出露水面后,可恢复生长,且由于水淹时期狗牙根的植株储存的能量,生长速率显著大于未经水淹处理的狗牙根植株,本书的试验结果与其相吻合,狗牙根确实是十分适合用于三峡库区消落带植被恢复的物种。

2.6.3 特拉锚垫对狗牙根生长影响试验研究

针对三峡库区消落带问题,研究了特拉锚垫生态防护技术,该技术是将反滤层和草皮增强垫依次铺设于消落带上,再用特拉锚进行固定。反滤层和草皮增强垫的特殊结构可以保护土壤不被水流冲走，从而为植被提供一个良好的生长环境，使得植被可以在消落带上生长。因此，为了解特拉锚垫是否对于植被的生长有帮助影响，进行了以下试验研究。

2.6.3.1 试验材料

特拉锚垫生态防护技术中的反滤层是由复合土工膜组成，具有长期透水不淤堵的性能，有效降低冲刷 98% 以上，极大程度地保证了泥沙稳定减少冲刷。

草皮增强垫采用具有独特截面形状的纤维通过经线和纬线的垂直编织形成的三维立体结构；结构单个的网孔由一系列的开放矩阵组成，呈倒四棱锥形。各结构单位的底边为相对远离岸坡表面的缓冲部。该保护垫在植被恢复前保护植物根茎，增强河道和岸坡的抗冲刷能力和减少植物的抗冲蚀疲劳。

2.6.3.2 试验设计

准备 40cm×36cm 大小的木框 9 个，将土壤和营养土按 3∶1 比例拌好填满木框，并均匀撒上狗牙根种子，再将试验木框分为 3 组，分别为裸土对照组、草皮增强垫对照组、特拉锚垫对照组。

将 3 组试验木框置于室外，每天浇水，并记录观察其生长情况，测量其茎叶生长长度与狗牙根生长密度。

2.6.3.3 试验数据分析

试验自种植当天记为 0d，每组对照组前期每天观察记录，随机选取 5 株狗牙根植株统计叶片数和枝数，用直尺（精确至 1mm）测量好株高并做好标记。后期为每 10d 的观察记录。整理试验数据后，得到结果如图 2.6-8 所示。

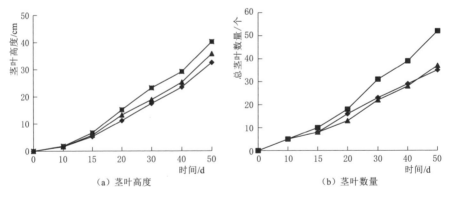

(a) 茎叶高度 (b) 茎叶数量

图 2.6-8 三组对照组茎叶生长数据对比
→ 裸土对照组 → 草皮增强垫对照组 → 特拉锚垫对照组

试验的目的是对比在铺设特拉锚垫与未铺特拉锚垫情况下坡面草的生长

与成坪的差异性。图 2.6 - 9 是同期培养的试验对照组结果，从图中可以明显看出，铺设了特拉锚垫的狗牙根生长情况更好，特拉锚垫对照组的狗牙根茎叶更茂密、更长，因此可得出特拉锚垫的铺设对于狗牙根的生长有促进作用。其原因如下：①特拉锚垫可以减少水的流失，留住水分可以促进狗牙根的生长；②反滤层的纤维结构可以减少温度散失，具有一定的保温功能，而狗牙根为喜热喜水植物，因此铺设特拉锚垫对照组的狗牙根生长得更好、更茂密。

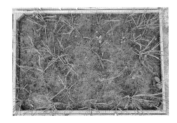

（a）裸土对照组

（b）特拉锚垫对照组

（c）草皮增强垫对照组

图 2.6 - 9　特拉锚垫对狗牙根生长影响试验图

但从图 2.6 - 9 中可看出，裸土对照组的狗牙根生长较于特拉锚垫对照组的狗牙根分布均匀，更有利于后期狗牙根生长成坪。其原因可能是特拉锚垫反滤层对狗牙根根茎的生长穿透有一定的限制作用，导致未能穿透特拉锚垫的嫩芽生长有一定的局限，而生长出的狗牙根又因为其保水保温的作用可以长得更好更密。

2.6.4　特拉锚垫植物选配研究小结

通过在三峡库区巫山段的现场调查，结合相关研究文献，经过筛选，选用狗牙根作为重点研究对象。狗牙根在 145.00～175.00m 高程范围内都可生长，具有耐热、耐干旱、耐水淹特性，适合在特拉锚垫上生长。

从不同季节的狗牙根生长试验的数据可以看到，种植在室外的狗牙根春季发芽期为 3～5d，秋季发芽期为 5～7d，冬季时间最长为 8～10d。因此可以看出，狗牙根的发芽时间与温度有关，在一定温度范围内，发芽时间虽温度增高而缩短。在秋季试验中的试验环境分为室内和室外两种生长环境，室外环境温度逐渐偏低，室内环境相对温暖，通过分析数据发现，室内组的发芽期比室外组的发芽期短。

通过测量记录数据分析狗牙根的茎叶生长速率，对比春季与秋季的数据可得，两组试验组的茎叶生长速率变化趋势都是慢—快—慢。而春季相较于秋季的茎叶生长速率大，最大可达到 1.6cm/d。且秋季后期温度逐渐降低至 0℃，生长速率降至 0.1～0.2cm/d，由此说明，温度对于狗牙根的生长速率有较大影响。

在对狗牙根的耐淹性试验研究中，狗牙根经过 60d 水淹后，狗牙根茎叶大部分茎叶未出现枯萎或死亡的状态，总茎叶长度无明显降低，且茎叶数量基本保持不变，对比对照组数据，对照组的总茎叶长度在 60d 生长后有显著增加，且总茎叶数量高于全淹处理植株。

特拉锚垫对狗牙根茎叶有支持和保护作用，分析原因是由于反滤层的纤维结构可以减少温度散失、具有一定的保温和保水功能，而狗牙根为喜热喜水植物，因此特拉锚垫可以促进狗牙根的生长。

2.6.5　特拉锚垫生态防护技术改进

（1）根据以上的研究，适用于三峡库区消落带的特拉锚垫生态护岸技术实施方案如下：

1）采用植物增强垫＋反滤层（或复合海绵层）＋特拉锚的结构，用特拉锚将植物增强垫和反滤层固定在坡面上。

2）建议锚固深度 1.0～1.2m，锚固间距不小于 1.0m。护坡结构上游设置截水沟，锚垫岸坡设置排水沟，下游底部锚垫应用石块等重物压载镇脚。

3）在增强垫与反滤层之间形成草本植物层，选配植物推荐当地物种狗牙根为主的耐淹性植被。施工过程应提供 1～2 周的发芽期和 2～3 周的发育期，为植物生长提供 3～5 周的非淹没生长窗口期。

（2）通过室内试验和现场试验，可以看出特拉锚垫生态防护技术具有以下优势：

1）抗侵蚀强，能控制岸坡侵蚀，具备与硬质护面同样的防护功能。

2）耐久性好，可使用 30～50 年，满足不同工程使用寿命要求。

3）建植能力高，植被的抗冲蚀能力、生命周期和土体加固能力显著提高。

4）仿自然岸坡，材料环境友好，为河流生态系统向自然状态演化创造条件。

第3章

植生混凝土生态护坡技术

3.1 概述

植生混凝土是一种新型生态环保型混凝土材料，以多孔混凝土为基本骨架，在改善孔隙内水环境的碱性后，通过填充营养基质，在混凝土表面进行覆土和播种，使植物根系穿透孔隙抵达下部土壤而制得。

与普通混凝土相比，植生混凝土的多孔结构在为植物根系生长提供良好环境的同时，其强度则随孔隙率的增加而出现不同程度的降低，强度与孔隙率之间呈现出此消彼长的状态。同时植生混凝土孔隙水环境的碱性不能太高，否则直接影响植物的正常生长。而孔隙环境的碱性状态也与混凝土强度密切相关，碱性过低时不利于强度的发展，也不能保证植生混凝土工程的稳定性，使得植生混凝土的强度、孔隙率与内部碱性状态（孔隙环境 pH）之间相互关联，相互影响。因此，如何在三者之间找到平衡点是植生混凝土应用的关键。

基于此，本书一方面基于正交试验法对植生混凝土的力学性能、孔隙率及孔隙环境 pH 等基本性能进行深入分析，为植生混凝土的配合比设计提供参考。另一方面，针对植生混凝土基体的高碱环境进行配合比优化，设计低碱型植生混凝土，并提出有效的降碱措施，研究分析各降碱措施对植生混凝土性能的影响。最终将植生混凝土应用于实际工程，并进行工程效益分析，为植生混凝土的应用、推广提供参考。

3.2 植生混凝土性能研究

3.2.1 配合比设计

本书骨料采用碎石与陶粒的混合骨料，陶粒的掺入一方面能降低结构的自重，有利于预制构件的运输与安装；另一方面陶粒具有一定的吸水保水作用，对于植物的生长具有良好的促进作用。胶凝材料选用水泥和降碱材料，降碱材料的作用是能降低多孔混凝土的碱性，使植物能够正常地生长。

为了研究多种因素对植生混凝土基本性能的影响，选取的因素主要有水灰比（0.32、0.34、0.36、0.38）、粉煤灰掺量（10%、20%、30%、40%）、设计孔隙率（20%、25%、30%、35%）和陶粒替代量（10%、20%、30%、40%）。

由于考虑影响因素较多，为减少试验量，本书采用四因素四水平正交试验法，正交设计因素水平表见表3.2－1，正交设计表见表3.2－2。

表3.2－1 植生混凝土正交设计因素水平表

水平因素	A 水灰比	B 粉煤灰掺量/%	C 设计孔隙率/%	D 陶粒替代量/%
1	0.32	10	20	10
2	0.34	20	25	20
3	0.36	30	30	30
4	0.38	40	35	40

表3.2－2 植生混凝土正交设计表

编号	试验号	A	B	C	D
1－1	ZC－1	1	1	1	1
1－2	ZC－2	1	2	2	2
1－3	ZC－3	1	3	3	3
1－4	ZC－4	1	4	4	4
2－1	ZC－5	2	1	2	3
2－2	ZC－6	2	2	1	4
2－3	ZC－7	2	3	4	1
2－4	ZC－8	2	4	3	2
3－1	ZC－9	3	1	3	4
3－2	ZC－10	3	2	4	3
3－3	ZC－11	3	3	1	2
3－4	ZC－12	3	4	2	1
4－1	ZC－13	4	1	4	2
4－2	ZC－14	4	2	3	1
4－3	ZC－15	4	3	2	4
4－4	ZC－16	4	4	1	3

由于植生混凝土在我国没有相关规范，因此本书结合前人研究经验以及焦楚杰课题组研究成果，采用比表面积法进行配合比计算，得到16组植生混

凝土配合比具体用量（表3.2-3）。

表3.2-3　　　　　　　植生混凝土配合比具体用量表　　　　　单位：kg/m³

编号	试验号	碎石	陶粒	水泥	粉煤灰	石膏	水	减水剂
1-1	ZC-1	1215	108	420	55	28	177	5.03
1-2	ZC-2	911	216	365	96	24	154	4.85
1-3	ZC-3	608	325	319	126	21	135	4.66
1-4	ZC-4	304	433	287	152	19	121	4.58
2-1	ZC-5	608	325	421	56	28	192	5.06
2-2	ZC-6	304	433	563	151	38	257	7.52
2-3	ZC-7	1215	108	177	71	12	80	2.59
2-4	ZC-8	911	216	294	158	20	134	4.72
3-1	ZC-9	304	433	405	55	28	198	4.88
3-2	ZC-10	608	325	257	70	17	126	3.44
3-3	ZC-11	911	216	490	200	33	240	7.23
3-4	ZC-12	1215	108	367	200	25	180	5.92
4-1	ZC-13	911	216	224	31	15	118	2.71
4-2	ZC-14	1215	108	287	79	20	150	3.86
4-3	ZC-15	304	433	516	214	36	271	7.66
4-4	ZC-16	608	325	552	305	38	290	8.95

3.2.2　试件制备及性能测试

植生混凝土与普通混凝土相比孔隙较多，且拌和水容易蒸发，因此当试件成型后，用塑料薄膜覆盖多孔混凝土表面，并洒水保持试件表面湿润，48h后拆模并移至养护室内进行标准养护，标准养护室的室温维持在20℃±2℃，湿度不小于95%，标准养护28d后测试各项性能指标。

成型试件尺寸包括 100mm×100mm×100mm 与 100mm×100mm×400mm 两类，前者立方体试件用于抗压强度与劈裂抗拉强度测试，后者棱柱体试件用于抗折强度测试。

由于当前没有植生混凝土性能测试的具体规范，因此抗压强度、抗折强度及劈裂抗拉强度测试均按照规范《普通混凝土力学性能试验方法标准》（GB/T 50081—2002）进行测定。而孔隙率测试参考《透水水泥混凝土路面技术规程》（CJJ/T 135—2009）和日本《植生型多孔混凝土河川护岸工法手册》进行测定。

本书pH的测定是指混凝土孔隙浸出液的pH测定。具体方法如下：将达到养护龄期的多孔混凝土试块单独置于直径为 25cm，高为 15cm 的圆柱形塑料盒中，加水至没过多孔混凝土上表面，浸泡 24h 后，采用上海力辰邦西仪器科技有限公司生产的 pH-100 型便携式 pH 计（分度值 0.01）测定孔隙浸出液 pH。更换相同量的水，重复以上步骤，直至孔隙浸出液 pH 趋于恒定即停止试验。

相比传统固液萃取法测定混凝土 pH，本书 pH 的测定方法不仅能直观地表示出混凝土孔隙内水环境的 pH 变化，而且能够更直接地反映出植生混凝土孔隙内水环境是否适合植物根系的生长。

3.2.3　正交试验方法

传统的试验方法采用"全面试验法"和"孤立变量法"。"全面试验法"是对试验中所有可能的组合均进行研究，如 1 个三因素三水平试验将对全部 27 组组合进行试验；"孤立变量法"是单独让一个因素进行变化，固定其他因素不变，寻求最佳的配方。这两种方法都有其优劣之处。

正交表则主要包括试验因素和试验水平两部分，因素是指直接影响试验结果的原因或要素，如本书中的水灰比、粉煤灰掺量、设计孔隙率和陶粒替代量，多采用大写字母 A、B 等来表示；水平是指试验中因素变化所取的不同值，如本书水灰比（0.32、0.34、0.36、0.38）、粉煤灰掺量（10%、20%、30%、40%）、设计孔隙率（20%、25%、30%、35%）和陶粒替代量（10%、20%、30%、40%），通常用数字 1、2 等来表示。

归纳正交设计过程，其基本步骤如下：①定指标，明确重点应解决的问题；②依靠经验合理选择因素和水平数；③选择合适的正交表；④进行试验，并进行结果测试；⑤试验数据分析和处理。

目前，正交试验数据分析常用的方法有极差分析法和方差分析法。通过极差分析，可以直观地确定各因素对测试结果影响程度的顺序，测试误差的大小可以通过方差分析得到。

1. 极差分析法

极差分析法也称为直观分析法，其基本分析的原理如下所述：

K_{ij} 代表正交试验表中第 j 列上因素取 i 水平时，所对应的试验指标之和；$\overline{K}_{ij}$ 表示正交表中第 j 上因素取 i 水平时所对应的试验结果的算术平均数，其中 s 为正交表中第 j 列上因素 i 水平出现的次数，它的值为试验次数 n 除以第 j 列的水平数。$R = \max(k_{ij}) - \min(k_{ij})$，表示第 j 列的极差。

通常来说，试验的各个因素对结果的影响各不相同，通过极差分析可以有效地确定各个因素对结果的影响程度，确定各个因素的主次关系，从而更有针对性地选出最佳配合比。

2. 方差分析法

下面以一个两因素的试验为例进行方差的分析。设一项试验中考虑两个因素 A、B 对试验结果的影响，因素 A 有 p 个水平：A_1，A_2，…，A_p，因素 B 有 q 个水平：B_1，B_2，…，B_q，采用交叉分组方式安排试验方案，共有 $p \times q$ 种不同的试验条件。方差分析步骤如下：

（1）平方和计算。

（2）自由度及各平方和的修正。

（3）显著性检验及 F 值计算。

利用已知的检验水平 a，对于因素 A，通过在分布表上查自由度 $v_1 = v_a = p - 1$、$v_2 = v_e = (p-1)(q-1)$ 时的临界值 $F_a(v_a, v_e)$；对于因素 B，通过在分布表查自由度 $v_1 = v_b = q - 1$、$v_2 = v_e = (p-1)(q-1)$ 时的临界值 $F_a(v_b, v_e)$。当 $F_A > F_a(v_a, v_e)$ 时，则因素 A 对试验结果影响显著；当 $F_A \leqslant F_a(v_a, v_e)$ 时，认为因素 A 对试验结果的影响不明显；当 $F_B > F_a(v_b, v_e)$ 时，认为因素 B 对试验结果影响明显；当 $F_B \leqslant F_a(v_b, v_e)$ 时，认为因素 B 影响显著。将上述分析结果列表见表 3.2 - 4。

表 3.2 - 4　　　　　　　　方 差 分 析 表

方差	平方和	自由度	均方	F 值
因素 A	S_A	$v_a = p - 1$	$\overline{S}_A = \dfrac{S_A}{v_a}$	$F = \dfrac{\overline{S}_A}{\overline{S}_E}$
因素 B	S_B	$v_b = p - 1$	$\overline{S}_B = \dfrac{S_B}{v_b}$	$F = \dfrac{\overline{S}_B}{\overline{S}_E}$
……	……	……	……	……
误差	S_E	$v_e = N - p$	$\overline{S}_E = \dfrac{S_E}{v_e}$	
总和	S	$v = n - 1$		

3.2.4　植生混凝土性能影响因素的试验研究

试验指标包括 28d 抗压强度、28d 抗折强度、28d 劈裂抗拉强度、孔隙率和孔隙浸出液 pH。分别把各因素按单一指标进行分析，然后将分析结果进行综合平衡。本书将通过计算达到以下目的：①分析各因素对指标的影响次序，即哪个是主要因素，哪个是次要因素；②分析因素与指标的关系，即当因素发生变化时，指标是怎样变化的；③估计试验误差大小；④确定最优的配合比。

性能测试结果见表 3.2 - 5。

表 3.2-5　　　　　　　　　植生混凝土性能测试结果

试验号	28d 抗压强度 /MPa	28d 抗折强度 /MPa	28d 劈裂抗拉强度/MPa	孔隙浸出液 pH	实测孔隙率 /%
1	12.99	2.16	1.49	10.87	20.3
2	10.13	1.73	1.22	10.24	23.8
3	9.44	1.57	1.16	9.66	31.9
4	7.03	1.09	0.92	8.65	33.9
5	13.16	2.12	1.50	10.63	24.3
6	12.41	2.02	1.44	10.3	21.4
7	8.52	1.41	1.07	9.29	34.2
8	9.33	1.67	1.15	8.63	29.8
9	11.85	1.85	1.38	10.33	30.4
10	9.75	1.65	1.19	10.08	34.6
11	14.36	2.42	1.61	9.33	21.3
12	11.93	2.10	1.39	8.74	24.6
13	9.61	1.61	1.17	10.35	34.2
14	10.85	1.82	1.29	9.88	28.9
15	10.71	1.79	1.28	9.17	24.6
16	11.05	1.78	1.31	8.59	21.3

1. 植生混凝土抗压强度影响因素分析

（1）植生混凝土 28d 抗压强度 K 值、$\overline{K}$ 值和极差分析。根据极差分析法，对表 3.2-5 中 28d 抗压强度数据进行计算分析。

K 值表示同一因素下相同水平的试验指标 28d 抗压强度的总和，下脚标表示相应的水平；$\overline{K}$ 表示相应试验结果的平均值，通过 K 值和 $\overline{K}$ 值的大小可以判断各因素不同水平对于 28d 抗压强度的影响，同一因素中 K 值和 $\overline{K}$ 值越大，则对抗压强度的正面影响越好。因试验为四因素四水平，$\overline{K}=K/4$。极差 R 为同一因素各水平中平均值的最大值与最小值之差，即 $\overline{K}_{\max}-\overline{K}_{\min}$。$R$ 大表示在这个水平变化范围内造成的差别大，对试验指标造成的影响较大，是主要的影响因素；R 小表示对试验结果产生的影响小，是次要因素。空列的极差数据代表试验的误差。

通过表 3.2-6 可知，各因素对 28d 抗压强度的影响次序为：设计孔隙率＞水灰比＞粉煤灰掺量＞陶粒替代量，即设计孔隙率为主要因素，水灰比和粉煤灰掺量为次要因素，而陶粒替代量影响较小。对于 28d 抗压强度而言的最佳组合为 $A_3B_1C_1D_1$，即水灰比为 0.36，粉煤灰掺量为 10%，设计孔隙率为 20%，陶粒替代量为 10% 这种组合最好。同一因素不同水平对抗压强度的影响如图 3.2-1 所示。

表 3.2-6　　　　　植生混凝土 28d 抗压强度极差分析表

试验号	A 水灰比	B 粉煤灰掺量/%	C 设计孔隙率/%	D 陶粒替代量/%	E 空列	抗压强度/MPa
1	0.32	0.1	0.2	0.1	1	12.99
2	0.32	0.2	0.25	0.2	2	10.13
3	0.32	0.3	0.3	0.3	3	9.44
4	0.32	0.4	0.35	0.4	4	7.03
5	0.34	0.1	0.25	0.4	4	13.16
6	0.34	0.2	0.2	0.4	3	12.41
7	0.34	0.3	0.35	0.1	2	8.52
8	0.34	0.4	0.3	0.2	1	9.33
9	0.36	0.1	0.3	0.4	2	11.85
10	0.36	0.2	0.35	0.3	1	9.75
11	0.36	0.3	0.2	0.2	4	14.36
12	0.36	0.4	0.25	0.1	3	11.93
13	0.38	0.1	0.35	0.2	3	9.61
14	0.38	0.2	0.3	0.1	4	10.85
15	0.38	0.3	0.25	0.4	1	10.71
16	0.38	0.4	0.2	0.3	2	11.05
K_1	39.59	47.61	50.81	44.29	42.78	
K_2	43.42	43.14	45.93	43.43	41.55	
K_3	47.89	43.03	41.47	43.40	43.39	
K_4	42.22	39.34	34.91	42.00	45.40	
$\overline{K_1}$	9.90	11.90	12.70	11.07	10.70	
$\overline{K_2}$	10.86	10.79	11.48	10.86	10.39	
$\overline{K_3}$	11.97	10.76	10.37	10.85	10.85	
$\overline{K_4}$	10.56	9.84	8.73	10.50	11.35	
R	2.08	2.07	3.98	0.22	0.96	

从图 3.2-1（a）中可以看出：随着水灰比的增加，植生混凝土 28d 抗压强度呈现出先增大后减小的趋势。当水灰比较低时，水泥用量增加，用水量减小，水泥水化反应不充分导致混凝土干硬，骨料间黏结力减小，抗压强度也相应降低；随着水灰比增加，水泥水化反应越来越充分，形成的水化产物

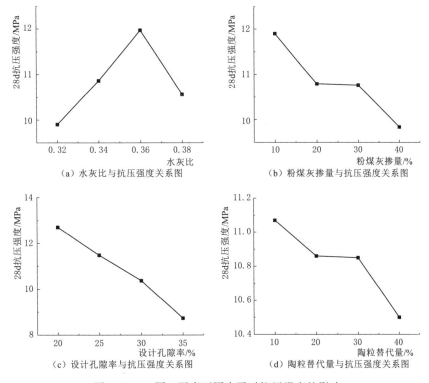

（a）水灰比与抗压强度关系图　（b）粉煤灰掺量与抗压强度关系图

（c）设计孔隙率与抗压强度关系图　（d）陶粒替代量与抗压强度关系图

图 3.2-1　同一因素不同水平对抗压强度的影响

越多，骨料间黏结力增大，强度增加；当水灰比过大时，一方面，单位用水量较多，除满足水泥水化反应的需求外，多余的游离水会在水泥浆体中形成对强度不利的气孔和毛细孔；另一方面，水灰比较大时胶凝材料流动性能较好，在混凝土成型过程中容易下沉到混凝土底部，造成底部孔隙堵塞，同时上部混凝土由于浆体流失，其抗压强度降低，导致整体强度也相应下降。

从图 3.2-1（b）中可以看出：随着粉煤灰掺量的增加，植生混凝土 28d抗压强度呈现逐渐下降的趋势。粉煤灰对混凝土的影响主要体现在提高其抗裂性和抗渗透性上，对于植生混凝土而言，粉煤灰的掺入主要是为了降低其pH。粉煤灰掺入量越多，水泥的用量相对减少，从而导致浆体的黏结力下降，使得抗压强度下降。

从图 3.2-1（c）中可以看出：随着设计孔隙率的增大，植生混凝土 28d抗压强度呈现逐渐下降的趋势。这是因为设计孔隙率越大，混凝土内部的孔隙越多，骨料间的接触点越小，导致抗压强度越低。

从图 3.2-1（d）中可以看出：随着陶粒替代量的增加，植生混凝土 28d抗压强度呈现逐渐下降的趋势。粗骨料是为植生混凝土提供强度的最主要来源之一，因为陶粒替代量增加，碎石用量减少，粗骨料整体强度下降，导致抗压强度的下降。

（2）植生混凝土 28d 抗压强度方差分析。根据方差分析法，查 F 分布表，显著性水平 α 取值分别为 0.01、0.05、0.1 和 0.25，即置信度分别为 99%、95%、90% 和 75%，对表 3.2-5 中 28d 抗压强度数据进行计算分析，分析结果见表 3.2-7。

表 3.2-7　　　　　　植生混凝土 28d 抗压强度方差分析表

方差来源	平方和	自由度	均方	F	临界值
水灰比	9.00	3.00	3.00	4.65 [*]	$F_{0.01}=29.46$
粉煤灰掺量	8.59	3.00	2.86	4.43 [*]	$F_{0.05}=9.28$
设计孔隙率	34.26	3.00	11.42	17.69 *	$F_{0.1}=5.39$
陶粒替代量	0.67	3.00	0.22	0.35	$F_{0.25}=2.36$
试验误差 e	1.94	3.00	0.65		
总和	54.47	15.00			

注　$F>F_{0.01}$，表示在 $\alpha=0.01$ 水平上显著，该因素影响高度显著，记为"＊＊"；$F_{0.01}\geqslant F>F_{0.05}$，表示在 $\alpha=0.05$ 水平上显著，该因素影响显著，记为"＊"；$F_{0.05}\geqslant F>F_{0.10}$，表示在 $\alpha=0.10$ 水平上显著，该因素影响较显著，记为"（＊）"；$F_{0.1}\geqslant F>F_{0.25}$，表示在 $\alpha=0.25$ 水平上显著，该因素有影响，记为"[＊]"；$F<F_{0.25}$，表示因素不显著，对所测指标看不出影响。

从表 3.2-7 中可以看出：

1）各因素影响 28d 抗压强度的主次顺序为：设计孔隙率＞水灰比＞粉煤灰掺量＞陶粒替代量，与表 3.2-6 的极差分析结果完全一致。

2）设计孔隙率对 28d 抗压强度有显著影响，水灰比与粉煤灰掺量对抗压强度有一定影响，陶粒替代量对抗压强度无显著影响，与表 3.2-6 的极差分析结果一致。

3）试验误差为 $\sqrt{0.65}=0.806$。与表 3.2-6 的空列误差分析的极差数据相近。

方差分析的观点认为，只需对显著的因素进行选择，不显著的因素原则上可以选取任意一个水平。由于设计孔隙率为显著因素，最优水平选取因素对应最大 K 值所对应的水平，即取 C_1；水灰比与粉煤灰掺量对抗压强度有一定影响，可选取任意一个水平，本试验为确保试验严谨性，对两者选取最优水平，即 A_3 和 B_1；陶粒替代量对抗压强度无显著影响，可选取任意一个水平，考虑到材料节省的问题，选择掺量最低的水平，即 D_1。故最优配比为 $A_3B_1C_1D_1$，与极差分析结果一致，说明试验结果是相对准确的。

2. 植生混凝土抗折强度影响因素分析

（1）植生混凝土 28d 抗折强度 K 值、$\overline{K}$ 值和极差分析。根据本书极差分析法，对表 3.2 - 5 中 28d 抗折强度数据进行计算分析，分析结果见表 3.2 - 8。

表 3.2 - 8　　　　　　　植生混凝土 28d 抗折强度极差分析表

试验号	A 水灰比	B 粉煤灰掺量 /%	C 设计孔隙率 /%	D 陶粒替代量 /%	E 空列	抗折强度 /MPa
1	0.32	0.1	0.2	0.1	1	2.16
2	0.32	0.2	0.25	0.2	2	1.73
3	0.32	0.3	0.3	0.3	3	1.57
4	0.32	0.4	0.35	0.4	4	1.09
5	0.34	0.1	0.25	0.3	4	2.12
6	0.34	0.2	0.2	0.4	3	2.02
7	0.34	0.3	0.35	0.1	2	1.41
8	0.34	0.4	0.3	0.2	1	1.67
9	0.36	0.1	0.3	0.4	2	1.85
10	0.36	0.2	0.35	0.3	1	1.65
11	0.36	0.3	0.2	0.2	4	2.42
12	0.36	0.4	0.25	0.1	3	2.10
13	0.38	0.1	0.35	0.2	3	1.61
14	0.38	0.2	0.3	0.1	4	1.82
15	0.38	0.3	0.25	0.4	1	1.79
16	0.38	0.4	0.2	0.3	2	1.78
K_1	6.55	7.74	8.38	7.49	7.27	
K_2	7.22	7.22	7.74	7.43	6.77	
K_3	8.02	7.19	6.91	7.12	7.30	
K_4	7.00	6.64	5.76	6.75	7.45	
$\overline{K}_1$	1.64	1.94	2.10	1.87	1.82	
$\overline{K}_2$	1.81	1.81	1.94	1.86	1.69	
$\overline{K}_3$	2.01	1.80	1.73	1.78	1.83	
$\overline{K}_4$	1.75	1.66	1.44	1.69	1.86	
R	0.37	0.28	0.66	0.09	0.17	

表中各字母所代表的含义在 3.2.3 中已做出详细解释，通过表 3.2 - 8 可知，各因素对 28d 抗折强度的影响次序为：设计孔隙率＞水灰比＞粉煤灰掺

量＞陶粒替代量，即设计孔隙率为主要因素，水灰比和粉煤灰掺量为次要因素，而陶粒替代量影响较小。对于 28d 抗折强度而言的最佳组合为 $A_3B_1C_1D_1$，即水灰比为 0.36，粉煤灰掺量为 10%，设计孔隙率为 20%，陶粒替代量为 10% 这种组合最好，与抗压强度的情况一致。同一因素不同水平对抗折强度的影响如图 3.2 - 2 所示。

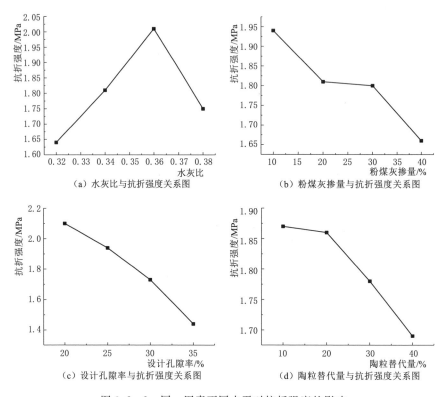

（a）水灰比与抗折强度关系图　　　　（b）粉煤灰掺量与抗折强度关系图

（c）设计孔隙率与抗折强度关系图　　　　（d）陶粒替代量与抗折强度关系图

图 3.2 - 2　同一因素不同水平对抗折强度的影响

由图 3.2 - 2 分析可知，水灰比、粉煤灰掺量和设计孔隙率对植生混凝土 28d 抗折强度的影响趋势与三种因素对 28d 抗压强度的影响趋势基本一致，其影响的机理原因与抗压强度分析中的说明也基本一致。陶粒替代量对抗折强度的影响与其对抗压强度的影响趋势略有不同，但也呈现出总体下降的趋势，而且由于陶粒替代量对于抗压强度和抗折强度的影响较小，所以对于结果的影响不大。

（2）植生混凝土 28d 抗折强度方差分析

根据方差分析法，查 F 分布表，显著性水平 α 取值分别为 0.01、0.05、0.1 和 0.25，即置信度分别为 99%、95%、90% 和 75%，对表 3.2 - 5 中 28d 抗折强度数据进行计算分析，分析结果见表 3.2 - 9。

表 3.2 - 9   **植生混凝土 28d 抗折强度方差分析表**

方差来源	平方和	自由度	均方	F	临界值
水灰比	0.28	3.00	0.09	4.33	$F_{0.01}=29.46$
粉煤灰掺量	0.15	3.00	0.05	2.31	$F_{0.05}=9.28$
设计孔隙率	0.96	3.00	0.32	14.65	$F_{0.1}=5.39$
陶粒替代量	0.09	3.00	0.03	1.32	$F_{0.25}=2.36$
试验误差 e	0.07	3.00	0.02		
总和	1.55	15.00			

从表 3.2 - 9 中可以看出：

1）各因素影响 28d 抗折强度的主次顺序为：设计孔隙率＞水灰比＞粉煤灰掺量＞陶粒替代量，与表 3.2 - 8 的极差分析结果完全一致，也与 28d 抗压强度分析结果一致。

2）设计孔隙率对 28d 抗折强度有显著影响，水灰比对抗折强度有一定影响，粉煤灰掺量与陶粒替代量对抗折强度无显著影响，与表 3.2 - 5 的极差分析结果一致。

3）试验误差为 $\sqrt{0.02}=0.141$。与表 3.2 - 8 的空列误差分析的极差数据相近。

由于设计孔隙率为显著因素，最优水平选取因素对应最大 K 值所对应的水平，即取 C_1；水灰比对抗折强度有一定影响，可选取任意一个水平，本试验为确保试验严谨性，选取最优水平，即 A_3；粉煤灰掺量与陶粒替代量对抗折强度无显著影响，可选取任意一个水平，考虑到材料节省的问题，选择掺量最低的水平，即 B_1 和 D_1。故最优配比为 $A_3B_1C_1D_1$，与极差分析结果与 28d 抗压强度分析结果一致，说明试验结果是相对准确的。

3. 植生混凝土劈裂抗拉强度影响因素分析

（1）植生混凝土 28d 劈裂抗拉强度 K 值、$\overline{K}$ 值和极差分析。根据极差分析法，对表 3.2 - 5 中 28d 抗压强度数据进行计算分析，分析结果见表 3.2 - 10。

表 3.2 - 10   **植生混凝土 28d 劈裂抗拉强度极差分析表**

试验号	A 水灰比	B 粉煤灰掺量 /%	C 设计孔隙率 /%	D 陶粒替代量 /%	E 空列	劈裂抗拉强度 /MPa
1	0.32	0.1	0.2	0.1	1	1.49
2	0.32	0.2	0.25	0.2	2	1.22
3	0.32	0.3	0.3	0.3	3	1.16

试验号	A 水灰比	B 粉煤灰掺量 /%	C 设计孔隙率 /%	D 陶粒替代量 /%	E 空列	劈裂抗拉强度 /MPa
4	0.32	0.4	0.35	0.4	4	0.92
5	0.34	0.1	0.25	0.3	4	1.50
6	0.34	0.2	0.2	0.4	3	1.44
7	0.34	0.3	0.35	0.1	2	1.07
8	0.34	0.4	0.3	0.2	1	1.15
9	0.36	0.1	0.3	0.4	2	1.38
10	0.36	0.2	0.35	0.3	1	1.19
11	0.36	0.3	0.2	0.2	4	1.61
12	0.36	0.4	0.25	0.1	3	1.39
13	0.38	0.1	0.35	0.2	3	1.17
14	0.38	0.2	0.3	0.1	4	1.29
15	0.38	0.3	0.25	0.4	1	1.28
16	0.38	0.4	0.2	0.3	2	1.31
K_1	4.79	5.54	5.85	5.24	5.11	
K_2	5.16	5.14	5.39	5.15	4.98	
K_3	5.57	5.12	4.98	5.16	5.16	
K_4	5.05	4.77	4.35	5.02	5.32	
$\overline{K}_1$	1.20	1.39	1.46	1.31	1.28	
$\overline{K}_2$	1.29	1.29	1.35	1.29	1.25	
$\overline{K}_3$	1.39	1.28	1.25	1.29	1.29	
$\overline{K}_4$	1.26	1.19	1.09	1.26	1.33	
R	0.20	0.19	0.38	0.02	0.09	

　　通过表 3.2-10 可知，各因素对 28d 劈裂抗拉强度的影响次序为：设计孔隙率＞水灰比＞粉煤灰掺量＞陶粒替代量，即设计孔隙率为主要因素，水灰比和粉煤灰掺量为次要因素，而陶粒替代量影响较小。对于 28d 抗折强度而言的最佳组合为 $A_3B_1C_1D_1$，即水灰比为 0.36，粉煤灰掺量为 10%，设计孔隙率为 20%，陶粒替代量为 10%这种组合最好，与抗压强度和抗折强度的情况一致。同一因素不同水平对劈裂抗拉强度的影响如图 3.2-3 所示。

　　通过图 3.2-3 分析可知，水灰比、粉煤灰掺量和设计孔隙率对植生混凝土 28d 劈裂抗拉强度的影响趋势与 3 种因素对 28d 抗压强度和抗折强度的影响趋势基本一致，其影响的机理原因与抗压强度分析中的说明基本一致。陶

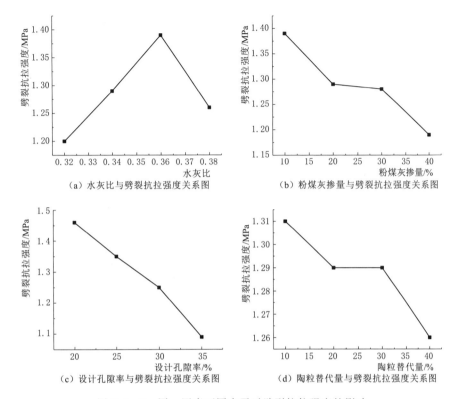

图 3.2-3　同一因素不同水平对劈裂抗拉强度的影响

粒替代量对劈裂抗拉强度的影响呈现先下降然后平稳再下降的趋势，与 28d 抗压强度的分析一致。

（2）植生混凝土 28d 劈裂抗拉强度方差分析。根据方差分析法，查 F 分布表，显著性水平 α 取值分别为 0.01、0.05、0.1 和 0.25，即置信度分别为 99%、95%、90% 和 75%，对表 3.2-5 中 28d 劈裂抗拉强度数据进行计算分析，分析结果见表 3.2-11。

表 3.2-11　　　　植生混凝土 28d 劈裂抗拉强度方差分析表

方差来源	平方和	自由度	均方	F	临界值
水灰比	0.08	3.00	0.03	5.33	$F_{0.01}=29.46$
粉煤灰掺量	0.07	3.00	0.02	5.02	$F_{0.05}=9.28$
设计孔隙率	0.30	3.00	0.10	20.52*	$F_{0.1}=5.39$
陶粒替代量	0.01	3.00	0.002	0.42	$F_{0.25}=2.36$
试验误差 e	0.01	3.00	0.005		
总和	0.48	15.00			

从表 3.2 - 11 中可以看出：

1）各因素影响 28d 劈裂抗拉强度的主次顺序为：设计孔隙率＞水灰比＞粉煤灰掺量＞陶粒替代量，与表 3.2 - 10 的极差分析结果完全一致，也与 28d 抗压强度和抗折强度分析结果一致。

2）设计孔隙率对 28d 劈裂抗拉强度有显著影响，水灰比与粉煤灰掺量对抗压强度有一定影响，陶粒替代量对抗压强度无显著影响，与表 3.2 - 7 的极差分析结果一致。

3）试验误差为 $\sqrt{0.005} = 0.071$。与表 3.2 - 10 的空列误差分析的极差数据相近。

由于设计孔隙率为显著因素，最优水平选取因素对应最大 K 值所对应的水平，即取 C_1；水灰比与粉煤灰掺量对劈裂抗拉强度有一定影响，可选取任意一个水平，本试验为确保试验严谨性，对两者选取最优水平，即 A_3 和 B_1；陶粒替代量对劈裂抗拉强度无显著影响，可选取任意一个水平，考虑到材料节省的问题，选择掺量最低的水平，即 D_1。故最优配比为 $A_3B_1C_1D_1$，与极差分析结果一致，与 28d 抗压强度和抗折强度分析结果也一致，说明试验结果是相对准确的。

4. 植生混凝土孔隙浸出液 pH 影响因素分析

（1）植生混凝土 28d 劈裂抗拉强度 K 值、$\overline{K}$ 值和极差分析。根据极差分析法，对表 3.2 - 5 中 pH 数据进行计算分析，分析结果见表 3.2 - 12。

表 3.2 - 12　　　　　　　　　　植生混凝土孔隙浸出液 pH 极差分析表

试验号	A 水灰比	B 粉煤灰掺量 /%	C 设计孔隙率 /%	D 陶粒替代量 /%	E 空列	孔隙浸出液 pH
1	0.32	0.1	0.2	0.1	1	10.87
2	0.32	0.2	0.25	0.2	2	10.24
3	0.32	0.3	0.3	0.3	3	9.66
4	0.32	0.4	0.35	0.4	4	8.65
5	0.34	0.1	0.25	0.3	4	10.63
6	0.34	0.2	0.2	0.4	3	10.3
7	0.34	0.3	0.35	0.1	2	9.29
8	0.34	0.4	0.3	0.2	1	8.63
9	0.36	0.1	0.3	0.4	2	10.33
10	0.36	0.2	0.35	0.2	1	10.08
11	0.36	0.3	0.2	0.2	4	9.33

试验号	A 水灰比	B 粉煤灰掺量 /%	C 设计孔隙率 /%	D 陶粒替代量 /%	E 空列	孔隙浸出液 pH
12	0.36	0.4	0.25	0.1	3	8.74
13	0.38	0.1	0.35	0.2	3	10.35
14	0.38	0.2	0.3	0.1	4	9.88
15	0.38	0.3	0.25	0.4	1	9.17
16	0.38	0.4	0.2	0.3	2	8.59
K_1	39.42	42.18	39.09	38.78	38.75	
K_2	38.85	40.50	38.78	38.55	38.45	
K_3	38.48	37.45	38.50	38.96	39.05	
K_4	37.99	34.61	38.37	38.45	38.49	
$\overline{K}_1$	9.86	10.55	9.77	9.70	9.69	
$\overline{K}_2$	9.71	10.13	9.70	9.64	9.61	
$\overline{K}_3$	9.62	9.36	9.63	9.74	9.76	
$\overline{K}_4$	9.50	8.65	9.59	9.61	9.62	
R	0.36	1.89	0.18	0.13	0.15	

通过表 3.2 - 12 可知，各因素对孔隙浸出液 pH 的影响次序为：粉煤灰掺量＞水灰比＞设计孔隙率＞陶粒替代量，即粉煤灰掺量为主要因素，水灰比为次要因素，而设计孔隙率与陶粒替代量影响较小。对于孔隙浸出液 pH 而言的最佳组合为 $A_4B_4C_4D_4$，即水灰比为 0.38，粉煤灰掺量为 40%，设计孔隙率为 35%，陶粒替代量为 40% 这种组合碱性最低。同一因素不同水平对孔隙浸出液 pH 的影响如图 3.2 - 4 所示。

从图 3.2 - 4 （a）中可以看出：随着水灰比的增加，植生混凝土孔隙浸出液 pH 呈现出逐渐下降的趋势。这是因为随着水灰比的增加，水泥的比例在逐渐减小，而硅酸盐水泥是植生混凝土中碱性的最主要来源，水泥比例的减小直接导致其孔隙浸出液 pH 的降低。

从图 3.2 - 4 （b）中可以看出：随着粉煤灰掺量的增加，植生混凝土孔隙浸出液 pH 呈现出逐渐下降的趋势。粉煤灰的作用一方面是利用化学反应消耗水泥中的碱性物质来降低孔隙浸出液 pH；另一方面粉煤灰的掺入替代了一部分水泥，使水泥用量下降。两方面共同作用使孔隙浸出液 pH 逐渐降低。

从图 3.2 - 4 （d）中可以看出：随着陶粒替代量的增加，植生混凝土孔隙浸出液 pH 没有发生明显的趋势，最高值与最低值相比只相差 0.15 左右。这是因为在植生型多孔混凝土的制备过程中，粗骨料不会与水泥发生化学反应，

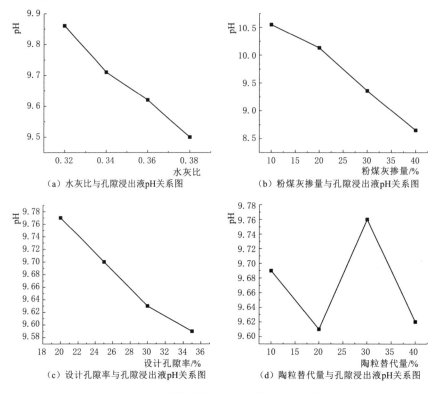

图 3.2-4 同一因素不同水平对孔隙浸出液 pH 的影响

粗骨料自身也不会释放出碱性物质，因此粗骨料对孔隙浸出液 pH 无明显的影响。

（2）植生混凝土孔隙浸出液 pH 方差分析。根据方差分析法，查 F 分布表，显著性水平 α 取值分别为 0.01、0.05、0.1 和 0.25，即置信度分别为 99%、95%、90% 和 75%，对表 3.2-5 中孔隙浸出液 pH 数据进行计算分析，分析结果见表 3.2-13。

表 3.2-13　　　　　　植生混凝土孔隙浸出液 pH 方差分析表

方差来源	平方和	自由度	均方	F	临界值
水灰比	0.27	3.00	0.09	4.74	$F_{0.01}=29.46$
粉煤灰掺量	8.41	3.00	2.80	145.82 **	$F_{0.05}=9.28$
设计孔隙率	0.08	3.00	0.03	1.33	$F_{0.1}=5.39$
陶粒替代量	0.04	3.00	0.013	0.69	$F_{0.25}=2.36$
试验误差 e	0.06	3.00	0.019		
总和	8.86	15.00			

从表 3.2-13 中可以看出：

1）各因素影响孔隙浸出液 pH 的主次顺序为：粉煤灰掺量＞水灰比＞设计孔隙率＞陶粒替代量，与表 3.2-12 的极差分析结果完全一致。

2）粉煤灰掺量对孔隙浸出液 pH 有高度显著影响，水灰比对孔隙浸出液 pH 有一定影响，设计孔隙率和陶粒替代量对抗压强度无显著影响，与表 3.2-9 的极差分析结果一致。

3）试验误差为 $\sqrt{0.019}=0.138$。与表 3.2-12 的空列误差分析的极差数据相近。

方差分析的观点认为：只需对显著的因素进行选择，不显著的因素原则上可以选取任意一个水平，对于孔隙浸出液 pH 而言，由于粉煤灰掺量为高度显著因素，最优水平选取因素对应最大 K 值所对应的水平，即取 B_4；水灰比对孔隙浸出液 pH 有一定影响，原则上可选取任意一个水平，本试验为确保试验严谨性，对其选取最优水平，即 A_4；设计孔隙率和陶粒替代量对孔隙浸出液 pH 无显著影响，可选取任意一个水平，考虑到材料节省的问题，选择孔隙率最高和替代量最低的水平，即 C_4 和 D_1。故最优配比为 $A_4B_4C_4D_1$，与极差分析结果基本一致，只有陶粒替代量的选择不同，但由于陶粒替代量对于孔隙浸出液 pH 无显著影响可选取任意一个水平，所以试验结果是相对准确的。

3.2.5　植生混凝土设计孔隙率与实测孔隙率对比

为确保本书所提供的配合比计算方法能够有效控制植生混凝土的孔隙率，对设计孔隙率与实测孔隙率进行对比，具体对比结果如图 3.2-5 所示。

通过将设计孔隙率和实测孔隙率对比发现：设计孔隙率和实测孔隙率大体保持一致，表明本书中植生混凝土配合比设计合理。

3.2.6　植生混凝土效应分析

本章前面部分对植生混凝土各个水平和因素进行了分析，说明了各个水平和因素分别对各项指标的影响。为了将前面所述的结果进行综合考虑，本书采用了功效系数法，对植生混凝土 28d 抗压强度、28d 抗折强度、28d 劈裂抗拉强度和孔隙浸出液 pH 进行综合分析，选取较优的配合比。

功效系数法也称为功效函数法，基于多目标规划的原理，以满意度值为上限，不允许值为下限，为每个评价指标确定满意度值和不允许值。计算各指标的满意度，确定各指标的得分，然后将加权平均用于综合分析，以评估研究对象的综合状态。

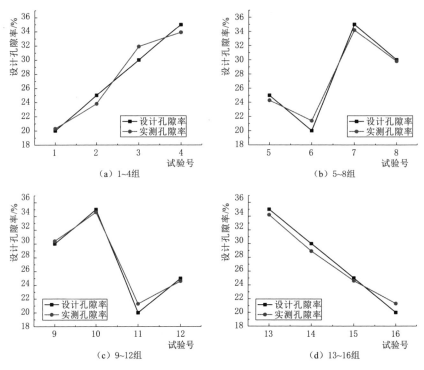

（a）1～4组　　　　　　　　　　（b）5～8组

（c）9～12组　　　　　　　　　　（d）13～16组

图 3.2－5　设计孔隙率与实测孔隙率对比图

（1）各指标功效系数按式（3.2－1）计算：

$$d_i = \frac{x_i - s_i}{h_i - s_i} \qquad (3.2-1)$$

式中：d_i 为在指标 i 下的功效系数；x_i 为在指标 i 下的试验结果；s_i 为试验结果的不允许值，即最低限度应该满足的值；h_i 为试验结果的最理想值。

（2）总功效系数按式（3.2－2）计算：

$$d = \sqrt[n]{d_1 d_2 \cdots d_n} \qquad (3.2-2)$$

根据上述公式对试验数据进行计算和分析，具体结果见表 3.2－14。

表 3.2－14　　　　　　植生混凝土正交试验功效系数分析表

试验号	性 能 指 标				功 效 系 数				总功效系数 d
	抗压（1）	抗折（2）	劈拉（3）	pH（4）	抗压（d_1）	抗折（d_2）	劈拉（d_3）	pH（d_4）	
1	12.99	2.16	1.49	10.87	0.59	0.37	0.44	0.23	0.38
2	10.13	1.73	1.22	10.24	0.42	0.27	0.34	0.35	0.34
3	9.44	1.57	1.16	9.66	0.38	0.24	0.32	0.47	0.34

试验号	性能指标				功效系数				总功效系数 d
	抗压 (1)	抗折 (2)	劈拉 (3)	pH (4)	抗压 (d_1)	抗折 (d_2)	劈拉 (d_3)	pH (d_4)	
4	7.03	1.09	0.92	8.65	0.24	0.13	0.23	0.67	0.26
5	13.16	2.12	1.50	10.63	0.60	0.36	0.44	0.27	0.40
6	12.41	2.02	1.44	10.3	0.55	0.34	0.42	0.34	0.40
7	8.52	1.41	1.07	9.29	0.32	0.20	0.29	0.54	0.32
8	9.33	1.67	1.15	8.63	0.37	0.26	0.31	0.67	0.38
9	11.85	1.85	1.38	10.33	0.52	0.30	0.41	0.32	0.38
10	9.75	1.65	1.19	10.08	0.40	0.26	0.33	0.38	0.34
11	14.36	2.42	1.61	9.33	0.67	0.43	0.49	0.53	0.52
12	11.93	2.10	1.39	8.74	0.53	0.36	0.40	0.65	0.47
13	9.61	1.61	1.17	10.35	0.39	0.25	0.32	0.32	0.32
14	10.85	1.82	1.29	9.88	0.46	0.29	0.37	0.42	0.38
15	10.71	1.79	1.28	9.17	0.45	0.29	0.36	0.57	0.40
16	11.05	1.78	1.31	8.59	0.47	0.28	0.37	0.68	0.43

注　$h_1=20$，$s_1=3$；$h_2=5$，$s_2=0.5$；$h_3=3$，$s_3=0.3$；$h_4=7$，$s_4=12$。

通过表 3.1-14 可以发现：第 11 组的功效系数最高，其对应的组合为 $A_3B_3C_1D_2$，其次是第 12 组，其对应的组合为 $A_3B_4C_2D_1$。第 11 组的抗压强度、抗折强度和劈裂抗拉强度都要较第 12 组要高，但是第 12 组的 pH 低于第 11 组，说明第 11 组的强度较高而第 12 组的降碱效果较好。由于在孔隙水环境 pH 为 9.33 的环境下大多数植物已经能够正常生长，本书最终确定第 11 组 $A_3B_3C_1D_2$ 为最优配合比，见表 3.2-15。

表 3.2-15　　　　　　　　植生混凝土最优配合比　　　　　　单位：kg/m³

编号	试验号	碎石	陶粒	水泥	粉煤灰	石膏	水	减水剂
3-3	11	911.40	216.43	489.62	199.77	33.29	239.72	7.23

3.3　低碱型植生混凝土配合比优化研究

3.3.1　植生混凝土降碱的必要性

植生混凝土成功应用的关键在于多孔混凝土的孔隙环境是否适合植物根系发展。一般而言，从工程应用的经济性角度考虑，多采用普通硅酸盐水泥制备植生混凝土多孔基体，但普通硅酸盐水泥 28d 净浆 pH 高达 12 以上，直接影响与其接触的填充基质的 pH。若种植基质碱度过高，植物生长受限，碱度过低，植生混凝土的强度得不到保证。间接影响了填充基质的 EC 值，尤其是碳酸钠与碳酸氢钠含量过高对植物产生较强的胁迫作用，减缓了植物的光合作用，抑制了对各元素的吸收，破坏了植物渗透平衡。因此，植生混凝土孔隙碱环境的改造是植生混凝土技术运用的核心问题及难点。

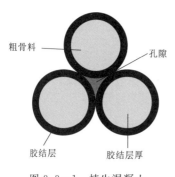

图 3.3-1　植生混凝土多孔结构组成

植生混凝土粗骨料表面包裹的胶结层由胶结材料浆体硬化形成（图 3.3-1），其主要成分硅酸盐水泥在生产过程中，原料引入的碱性物质大部分溶于拌和水中，一般占水泥重量的 0.6%；而且硅酸盐水泥水化生成的碱性物质 $Ca(OH)_2$ 约占水泥固相的 20%～25%，一部分以结晶体的形式存在于胶结层中，一部分以可溶性碱的形式存在于孔隙水环境中，可见可溶性碱 $Ca(OH)_2$ 是导致植生混凝土孔隙环境显强碱性的主要原因。分析了解植生混凝土孔隙环境碱性来源为针对性地提出改造措施提供了研究方向。

3.3.2　植生混凝土降碱的原则

对植生混凝土孔隙高碱环境进行降碱处理，应遵循以下原则：

（1）保证植生混凝土的强度。强度是保证结构稳定性和耐久性的重要指标，无论采用何种降碱措施都应满足植生混凝土的强度要求。

（2）满足植物生长的条件。在保证植生混凝土强度的条件下，植生混凝土孔隙环境的 pH 应降至适宜植物生长的范围，且不应引入有害离子限制植物生长。

（3）符合生态环保的发展趋势。相应降碱措施应选用无毒无害的原料，确保投入工程应用后对周边水体大气环境无污染，充分发挥植生混凝土的生态优势，体现生态价值。

（4）维持植生混凝土孔隙环境的稳定。植生混凝土可溶性碱的析出是一个持续的过程，因此，采取的碱性措施应维持较长时间段内孔隙 pH 的稳定，从而保证植物持续生长。

3.3.3　硅酸盐水泥水化机理及降碱料的作用机理

在植生混凝土多孔基体制备过程中，通过掺加降碱料与水泥产生的碱性物质发生化学反应，进而达到降碱的目的。降碱料的选择从经济性、环保性和工作性角度考虑，以天然矿物成分作为研究的重点，发挥固废利用优势，结合其掺用机理，最终选用粉煤灰、矿粉、硅粉、沸石粉 4 种物质。

3.3.3.1　硅酸盐水泥水化过程

硅酸盐水泥的水化是较为复杂的物理化学反应过程，其熟料矿物主要由硅酸三钙 $3CaO \cdot SiO_2(C_3S)$、硅酸二钙 $2CaO \cdot SiO_2(C_2S)$、铝酸三钙 $3CaO \cdot Al_2O_3(C_3A)$ 和铁铝酸四钙 $4CaO \cdot Al_2O_3 \cdot Fe_2O_3(C_4AF)$ 组成，其中硅酸盐矿物 C_3S 和 C_2S 的含量约占总量的 $75\% \sim 85\%$，当硅酸盐水泥加水拌和时，4 种熟料矿物均与水发生水解或水化反应，但由于熟料矿物自身理化性质的差异，各矿物的水化产物与水化速率不尽相同。硅酸盐水泥水化反应生成以 $Ca(OH)_2$ 为主的可溶性碱。

3.3.3.2　粉煤灰性质及其作用机理

粉煤灰是煤经高温煅烧后收集下来的一种火山灰质固废材料，主要来源于以煤粉为燃料的火电厂。随着电力产业发展，粉煤灰排放量逐年增长，2017 年底已达 6.86 亿 t，若对这大数量级的粉煤灰不加以处理、利用，将会带来多方面的环境压力，因此，将粉煤灰资源化利用是缓解电力生产环境的重要手段。

粉煤灰的形成大致可划分为 3 个阶段：第一阶段煤粉开始燃烧，由于挥发分的溢出，粉煤灰以多孔性碳粒呈现；第二阶段多孔性碳粒的有机质成分完全燃烧，矿物质在高温下脱水、分解、氧化转变为无极氧化物，此时粉煤灰以比表面积更小的多孔玻璃体呈现；第三阶段多孔玻璃体熔融收缩，发生一系列的物理化学反应，转化为密度大、粒径小的密实颗粒。最终形成的粉煤灰是一种不均匀且复杂的多相物质。改善和提高混凝土质量是粉煤灰综合利用的一大方向，从化学组成来看，粉煤灰主要含 SiO_2、Al_2O_3、Fe_2O_3、CaO、MgO 等氧化物；从矿物组成来看，包括晶体矿物和非晶体矿物两类，晶体矿物为石英、磁铁矿、莫来石等，非晶体矿物为玻璃体、无定形碳等，其中非晶体矿物玻璃体含量占 70%。从功能效应来看：具有微集料效应、活性效应和形态效应。本书选用粉煤灰作为降碱材料，一是其作为固废材料，成本低、来源广，有利于减轻因粉煤灰导致的环境问题；二是粉煤灰是一种富含硅铝玻璃体的火山灰质材料，可在一定程度上降低混凝土的碱性。

3.3.3.3　矿渣微粉性质及其作用机理

矿渣微粉是炼铁高炉排出的水淬矿渣经磨细所得的一种粉末状材料，钢铁厂每生产 1t 生铁排出 $0.3 \sim 1t$ 矿渣微粉。矿渣微粉的主要化学成分是以 CaO、SiO_2、Al_2O_3 为主的氧化物，根据各氧化物含量所占比例的不同，将矿渣微粉分为碱性、中性和酸性 3 类，以碱性氧化物与酸性氧化物含量比值 M 加以区分，$M>1$ 为碱性矿渣微粉，$M=1$ 为中性矿渣微粉，$M<1$ 为酸性矿渣微粉，一般而言，碱性矿渣活性较其他两类要高。

矿渣微粉除了含有在水淬时形成的玻璃体之外、还含铝钙镁黄长石和少量 CS、C_2S，因此矿渣微粉在混凝土中化学功能效应为玻璃体解体后自身发挥的潜在胶凝性，即在碱性激发下发生反应，玻璃体解体，其中的 Ca^{2+}、Al^{3+}、SiO_4^{4-}、AlO_4^{5-} 重新排列，形成低碱度的水化产物。本书选用矿渣微粉作为降碱料，其作用机理类似粉煤灰，有利于减少混凝土中的碱含量。

3.3.3.4　增强剂性质及其作用机理

硅灰是冶金厂冶炼金属硅或硅铁合金过程中捕集回收的废灰。当硅石、生铁和焦炭在炉中共冶时，随着炉内温度升高，部分硅被氧化生成 SiO，SiO 烟气在上升过程中继续被氧化转变为 SiO_2，烟气再经冷却、凝结成为细微的球状颗粒，采用收集装置加以回收，即形成硅灰。硅灰的化学成分主要是以 SiO_2 为主，含量约为 80% 以上，其他氧化物如 CaO、MgO 含量较少，而且硅灰粒径较小，相对于粉煤灰、矿渣微粉等固废，其成分和细度更为稳定、活性更高。

沸石粉是天然沸石经磨细处理而成的活性火山灰质材料，含有大量的 SiO_2 和 Al_2O_3 活性成分。本书选用硅灰、沸石粉高硅材料作为降碱料，其作用机理就是消耗硅酸盐水泥水化生成的氢氧化钙等强碱性物质，从而减少植生混凝土孔隙环境 OH^- 浓度，进而降低 pH。

3.3.4　低碱型植生混凝土配合比优化正交设计

本试验基于降低植生混凝土多孔基体孔隙的碱性，选择以富含 SiO_2 的降碱掺合料替代部分硅酸盐水泥。试验用胶凝材料由硅酸盐水泥、粉煤灰、矿粉、增强剂（硅灰与沸石粉）组成，骨料为石灰岩碎石，不掺加细骨料。增强剂的掺入，一是为了提高多孔基体的强度，二是为了降低多孔环境的碱性，以得到强度较高、适宜植物生长的植生混凝土多孔基体。

为了研究多因素对植生混凝土力学性能及孔隙碱环境的影响，本试验选取的因素分别为水胶比（0.23、0.25、0.27、0.29）、粉煤灰掺量（5%、10%、15%、20%）、矿粉掺量（5%、10%、15%、20%）、增强剂掺量（2%、4%、6%、8%）。本试验采用四因素四水平正交试验设计法确定植生混凝土配合比，选用 $L_{16}(4^5)$ 正交表，植生混凝土因素水平表见表 3.3-1，正交设计见表 3.3-2，正交试验配合比见表 3.3-3。

表 3.3 - 1　　　　　　　　正交设计因素水平表

水平因素	A 水胶比	B 粉煤灰掺量/%	C 矿粉掺量/%	D 增强剂掺量/%
1	0.23	5	5	2
2	0.25	10	10	4
3	0.27	15	15	6
4	0.29	20	20	8

表 3.3 - 2　　　　　　　　正 交 设 计 表

表头设计		A 水胶比	B 粉煤灰掺量/%	C 矿粉掺量/%	D 增强剂掺量/%
试验组		列号			
序号	编号	1	2	3	4
1	PC - 1	1 (0.23)	1 (5)	1 (5)	1 (5)
2	PC - 2	1	2 (10)	2 (10)	2 (10)
3	PC - 3	1	3 (15)	3 (15)	3 (15)
4	PC - 4	1	4 (20)	4 (20)	4 (20)
5	PC - 5	2 (0.25)	1	2	3
6	PC - 6	2	2	1	4
7	PC - 7	2	3	4	1
8	PC - 8	2	4	3	2
9	PC - 9	3 (0.27)	1	3	4
10	PC - 10	3	2	4	3
11	PC - 11	3	3	1	2
12	PC - 12	3	4	2	1
13	PC - 13	4 (0.29)	1	4	2
14	PC - 14	4	2	3	1
15	PC - 15	4	3	2	4
16	PC - 16	4	4	1	3

注　括号中的数值为表 3.3 - 1 中因素的具体值。

表 3.3 - 3　　　　　　　　植生混凝土配合比表　　　　　　　单位：kg/m³

序号	编号	碎石	水泥	粉煤灰	矿粉	增强剂	减水剂	水
1	PC - 1	1496	234	13	13	5	1.48	61
2	PC - 2	1496	199	26	26	10	1.27	60
3	PC - 3	1496	164	38	38	15	1.39	59

续表

序号	编号	碎石	水泥	粉煤灰	矿粉	增强剂	减水剂	水
4	PC-4	1496	131	50	50	20	1.54	58
5	PC-5	1496	201	13	25	15	1.19	64
6	PC-6	1496	193	25	13	20	1.34	63
7	PC-7	1496	157	37	50	5	1.55	62
8	PC-8	1496	150	49	37	10	1.62	62
9	PC-9	1496	176	12	37	20	1.36	66
10	PC-10	1496	155	24	48	15	1.22	65
11	PC-11	1496	184	36	12	10	1.24	65
12	PC-12	1496	163	48	24	5	1.25	65
13	PC-13	1496	169	12	48	10	1.15	69
14	PC-14	1496	173	24	36	5	1.15	69
15	PC-15	1496	155	35	23	19	1.09	67
16	PC-16	1496	159	46	12	14	0.97	67

3.3.5 低碱型植生混凝土配合比优化正交试验结果分析

本书正交试验的检验指标包括植生混凝土多孔基体的抗压强度和孔隙环境 pH，试验结果见表3.3-4。根据正交试验结果，首先采用3.2.3所述的极差分析法和方差分析法对上述检验指标进行分析，由极差分析法确定各因素对单个指标的影响程度，确定因素主次关系，由方差分析法确定试验结果的误差大小及因素显著性检验。其次通过综合评价法分析各因素-水平对试验指标的影响，优选配合比。

表3.3-4　　　　检验指标结果

编号	pH	抗压强度/MPa	编号	pH	抗压强度/MPa
PC-1	11.49	7.9	PC-9	10.76	13.0
PC-2	10.56	8.3	PC-10	10.52	12.3
PC-3	10.13	9.8	PC-11	11.18	10.0
PC-4	9.48	10.2	PC-12	10.92	8.7
PC-5	10.96	11.7	PC-13	11.36	11.0
PC-6	10.47	10.7	PC-14	11.52	9.3
PC-7	10.79	9.1	PC-15	10.24	10.9
PC-8	10.15	8.3	PC-16	10.64	8.8

3.3.5.1 正交试验 pH 影响因素分析

1. 植生混凝土 28d 孔隙环境 pH 极差分析

采用极差分析法对植生混凝土 28d 孔隙环境 pH 测试结果进行直观分析，计算结果见表 3.3-5。

表 3.3-5 植生混凝土孔隙环境 pH 极差分析表

	A 水胶比	B 粉煤灰掺量 /%	C 矿粉掺量 /%	D 增强剂掺量 /%	E 空列	pH (28d)
PC-1	0.23	5	5	2	1	11.49
PC-2	0.23	10	10	4	2	10.56
PC-3	0.23	15	15	6	3	10.13
PC-4	0.23	20	20	8	4	9.48
PC-5	0.25	5	10	6	4	10.96
PC-6	0.25	10	5	8	3	10.47
PC-7	0.25	15	20	2	2	10.79
PC-8	0.25	20	15	4	1	10.15
PC-9	0.27	5	15	8	2	10.76
PC-10	0.27	10	20	6	1	10.52
PC-11	0.27	15	5	4	4	11.18
PC-12	0.27	20	10	2	3	10.92
PC-13	0.29	5	20	4	3	11.36
PC-14	0.29	10	15	2	4	11.52
PC-15	0.29	15	10	8	1	10.24
PC-16	0.29	20	5	6	2	10.64
K_1	41.66	44.57	43.78	44.72	42.40	
K_2	42.37	43.07	42.68	43.25	42.75	
K_3	43.38	42.34	42.56	42.25	42.88	
K_4	43.76	41.19	42.15	40.95	43.14	
k_1	10.42	11.14	10.95	11.18	10.60	
k_2	10.59	10.77	10.67	10.81	10.69	
k_3	10.85	10.59	10.64	10.56	10.72	
k_4	10.94	10.30	10.54	10.24	10.79	
R	2.10	3.38	1.63	3.77	0.48	

表 3.3-5 中 K_1、K_2、K_3、K_4 分别表示各影响因素取水平 1、水平 2、水平 3 所对应的 pH 之和，k_1、k_2、k_3、k_4 则为对应 K 值的平均值，R 为 K_{max} 与 K_{min} 的差值。

由表 3.3-5 植生混凝土 28d 孔隙环境 pH 极差分析计算结果可知：正交试验中水胶比、粉煤灰掺量、矿粉掺量与增强剂掺量对植生混凝土 28d 孔隙环境 pH 影响极差分别为 2.10、3.38、1.63、3.77，故影响植生混凝土 28d 孔隙环境 pH 的主次顺序为：增强剂掺量（D）＞粉煤灰掺量（B）＞水胶比（A）＞矿粉掺量（C）；由于植生混凝土孔隙环境酸碱性应适宜植物生长，对于 pH 来说是使其越小越好，故本试验中选取每个因素中 k 值最小的水平为最优水平，即对应各因素的水平组合为 $A_1B_4C_4D_4$，水胶比取 0.23、粉煤灰掺量取 20％、矿粉取 20％、增强剂取 8％。采用效应曲线图直观描绘试验结果，如图 3.3-2 所示，横轴为各因素的不同水平，纵轴为检验指标。

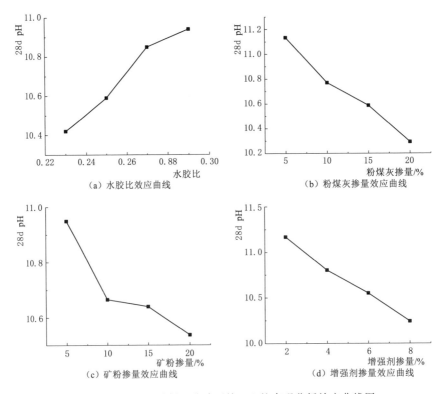

图 3.3-2　植生混凝土孔隙环境 pH 的直观分析效应曲线图

由图 3.3-2（a）可知：随着水胶比的增大，植生混凝土 28d 孔隙环境 pH 呈现逐步增大的趋势。这是因为一方面高水胶比较低水胶比用水量多，混凝土试块凝结硬化过程中可能发生自由水迁移、泌水现象，从而增大了毛细孔比例，导致碱物质析出、pH 加大；另一方面水胶比的增大提高了植生混凝土胶凝材料的水化程度，从而导致 $Ca(OH)_2$ 含量随之增大、pH 增大，由图 3.3 - 2 可知：随着粉煤灰、矿粉、增强剂掺量的增加，植生混凝土 28d 孔隙环境 pH 均呈现逐步降低的趋势。普通硅酸盐水泥主要矿物组分中的 C_3S、C_2S 发生水化反应，产生大量以 $Ca(OH)_2$ 为主的可溶性碱，导致植生混凝土孔隙内环境显强碱性，而粉煤灰、矿粉和增强剂中均含适量的无定形活性 SiO_2 和 Al_2O_3，当采用降碱掺合料替代部分硅酸盐水泥制备胶凝材料时，其一减少了硅酸盐水泥用量，降低了由硅酸盐水泥一次水化产生的可溶性碱含量；其二 SiO_2、Al_2O_3 分别与 $Ca(OH)_2$ 反应生成水化硅酸钙（C—S—H）及水化铝酸钙（C—A—H）凝胶，消耗可溶性碱，降低了孔隙环境 pH；其三反应硬化后的混凝土内部增加了稳定、坚实的物质，减少了微孔隙，阻塞了碱性物质的析出路径。

2. 植生混凝土 28d 孔隙环境 pH 方差分析

采用方差分析法确定植生混凝土孔隙环境 pH 测试结果的误差大小及因素显著性检验。由前述，取检验水平分别为 0.01、0.05、0.1，对应的置信度分别为 99%、95%、90%，从 F 分布表中查取临界值 $F_{0.01}$、$F_{0.05}$、$F_{0.1}$，判断各因素对植生混凝土孔隙环境 pH 的显著性情况。植生混凝土 28d 孔隙环境 pH 方差计算结果分析见表 3.3 - 6 和表 3.3 - 7。

表 3.3 - 6　　　　　　　　植生混凝土孔隙环境 pH 方差计算表

项目	A 水胶比	B 粉煤灰掺量 /%	C 矿粉掺量 /%	D 增强剂掺量 /%	pH (28d)
PC - 1	0.23	5	5	2	11.49
PC - 2	0.23	10	10	4	10.56
PC - 3	0.23	15	15	6	10.13
PC - 4	0.23	20	20	8	9.48
PC - 5	0.25	5	10	6	10.96
PC - 6	0.25	10	5	8	10.47
PC - 7	0.25	15	20	2	10.79
PC - 8	0.25	20	15	4	10.15
PC - 9	0.27	5	15	8	10.76
PC - 10	0.27	10	20	6	10.52
PC - 11	0.27	15	5	4	11.18
PC - 12	0.27	20	10	2	10.92

续表

项目	A 水胶比	B 粉煤灰掺量 /%	C 矿粉掺量 /%	D 增强剂掺量 /%	pH (28d)
PC-13	0.29	5	20	4	11.36
PC-14	0.29	10	15	2	11.52
PC-15	0.29	15	10	8	10.24
PC-16	0.29	20	5	6	10.64
K_1	41.66	44.57	43.78	44.72	171.17
K_2	42.37	43.07	42.68	43.25	$P=1831.2$
K_3	43.38	42.34	42.56	42.25	
K_4	43.76	41.19	42.15	40.95	
K_1^2	1735.56	1986.48	1916.69	1999.88	
K_2^2	1795.22	1855.02	1821.58	1870.56	
K_3^2	1881.82	1792.68	1811.35	1785.06	
K_4^2	1914.94	1696.62	1776.62	1676.90	
Q	1831.88	1832.70	1831.56	1833.10	
S	0.68	1.50	0.36	1.90	

表 3.3 - 7　　　　　　植生混凝土孔隙环境 pH 方差分析表

方差来源	平方和	自由度	均方	F 比	临界值	显著性
水胶比	0.68	3	0.23	7.67	$F_{0.01}(3,3)$	*
粉煤灰掺量	1.50	3	0.50	16.67	$=29.46$;	**
矿粉掺量	0.36	3	0.12	4.00	$F_{0.05}(3,3)$	
增强剂掺量	1.90	3	0.63	21.00	$=9.28$;	
误差	0.09	3	0.03		$F_{0.1}(3,3)$	**
总和	4.53	15			$=5.39$	

注　F 比为从 F 分布表中查询的值。

从表 3.3 - 6 和表 3.3 - 7 中可以看出：根据均方（离差平方和）、F 值比较，影响植生混凝土 28d 孔隙环境 pH 因素主次顺序依次为增强剂掺量、粉煤灰掺量、水胶比、矿粉掺量，故方差分析与极差分析结果一致。增强剂掺量、粉煤灰掺量对植生混凝土 28d 孔隙环境 pH 的影响显著，F 比均大于置信度 95% 对应的临界值；水胶比对植生混凝土 28d 孔隙环境 pH 的影响较显著，F 比大于置信度 90% 对应的临界值；4 个因素的离差平方和均大于误差平方和，说明该正交试验结果是合理的。

由于本试验植生混凝土孔隙环境 pH 越小越好，根据各因素的显著性情况，确定增强剂掺量最优水平为 D_4，粉煤灰掺量最优水平为 B_4，水胶比最优水平为 A_1；由于矿粉掺量对植生混凝土孔隙环境 pH 影响不显著，但还是存在一定程度的影响，可任选一个水平，考虑到矿粉属于固废材料，替代水泥有利于节约成本、缓解水泥资源压力，因此选择矿粉替代掺量最高的水平，即 C_4。故最优配合比为 $A_1B_4C_4D_4$，与极差分析结果一致，说明该正交试验结果是合理的。

3.3.5.2　正交试验抗压强度影响因素分析

1. 植生混凝土 28d 抗压强度极差分析

采用极差分析法对植生混凝土 28d 抗压强度测试结果进行直观分析，计算结果见表 3.3 - 8。

表 3.3 - 8　　　　　　　　植生混凝土抗压强度极差分析表

项目	A 水胶比	B 粉煤灰掺量 /%	C 矿粉掺量 /%	D 增强剂掺量 /%	E 空列	pH (28d)
PC - 1	0.23	5	5	2	1	7.9
PC - 2	0.23	10	10	4	2	8.3
PC - 3	0.23	15	15	6	3	9.8
PC - 4	0.23	20	20	8	4	10.2
PC - 5	0.25	5	10	6	4	11.7
PC - 6	0.25	10	5	8	3	10.7
PC - 7	0.25	15	20	2	2	9.1
PC - 8	0.25	20	15	4	1	8.3
PC - 9	0.27	5	15	8	2	13.0
PC - 10	0.27	10	20	6	1	12.3
PC - 11	0.27	15	5	4	4	10.0
PC - 12	0.27	20	10	2	3	8.7
PC - 13	0.29	5	20	4	3	11.0
PC - 14	0.29	10	15	2	4	9.3
PC - 15	0.29	15	10	8	1	10.9
PC - 16	0.29	20	5	6	2	8.8
K_1	36.2	43.6	37.4	35.0	39.4	
K_2	39.8	40.6	39.6	37.6	39.2	
K_3	44.0	39.8	40.4	42.6	40.2	

续表

项目	A 水胶比	B 粉煤灰掺量 /%	C 矿粉掺量 /%	D 增强剂掺量 /%	E 空列	pH (28d)
K_4	40.0	36.0	42.6	44.8	41.2	
k_1	9.05	10.90	9.35	8.75	9.85	
k_2	9.95	10.15	9.90	9.40	9.80	
k_3	11.00	9.95	10.10	10.65	10.05	
k_4	10.00	9.00	10.65	11.20	10.30	
R	7.80	7.60	5.20	9.80	0.80	

表 3.3-8 中 K_1、K_2、K_3、K_4 分别表示各影响因素取水平 1、水平 2、水平 3 所对应的抗压强度之和，k_1、k_2、k_3、k_4 则为对应 K 值的平均值，R 为 K_{max} 与 K_{min} 的差值。

由表 3.3-8 植生混凝土抗压强度极差分析计算结果可知：正交试验中水胶比、粉煤灰掺量、矿粉掺量与增强剂掺量对植生混凝土 28d 抗压强度影响极差分别为 7.80、7.60、5.20、9.80，故影响植生混凝土 28d 抗压强度的主次顺序为：增强剂掺量（D）＞水胶比（A）＞粉煤灰掺量（B）＞矿粉掺量（C）；对于植生混凝土力学性能而言，强度指标越大越好，故本试验中选取每个因素中 k 值最大的水平为最优水平，即对应各因素的水平组合为 $A_3 B_1 C_4 D_4$，水胶比取 0.27、粉煤灰掺量取 5%、矿粉掺量取 20%、增强剂掺量取 8%。采用效应曲线图直观描绘试验结果，如图 3.3-3 所示，横轴为各因素的不同水平，纵轴为检验指标。

由图 3.3-3（a）可知：随着水胶比的增大，植生混凝土 28d 抗压强度呈现先增大后降低的趋势。在目标孔隙率恒定的条件下，胶凝材料内部自由水随水胶比的增大而增多，集料间接触面过渡层密实度降低，对抗压强度产生一定的负影响。但从试验结果来看，水胶比从 0.23 增大到 0.29 时，抗压强度呈现先增大后降低的趋势。一方面，这可能是因为低水胶比水量少，胶凝材料不能完全水化，且未能形成连续稳定的水化产物。当水胶比增大到 0.27 时恰好达到平衡状态，胶凝材料水化充分且内部无自由水滞留，最终生成稳定的 C—S—H 凝胶，形成相对致密的过渡层，故抗压强度达到极值。另一方面，当水胶比较大或超过 0.27 时，胶结浆体的流动度大，植生混凝土多孔基体成型过程中浆体易透过骨料颗粒间的贯通孔隙沉入底部，造成上部浆体流失、下部沉浆现象，故抗压强度呈现降低趋势。

由图 3.3-3（b）可知：随着粉煤灰掺量的增大，植生混凝土 28d 抗压强度呈现逐步降低的趋势。这是因为粉煤灰的早期活性较弱，不利于植生混凝

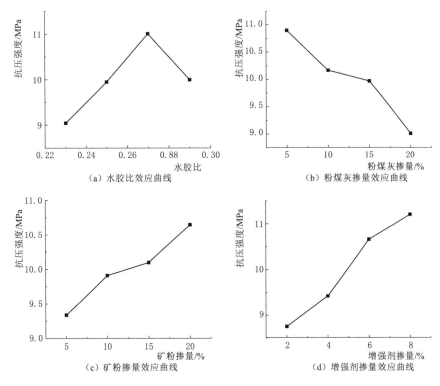

图 3.3 - 3　植生混凝土抗压强度的直观分析效应曲线图

土早期强度的发展。随着粉煤灰掺量的加大，胶凝材料体系中的水泥占比逐步变小，即实际有效水灰比增大且整体水化速率减慢，使得植生混凝土 28d 抗压强度呈现降低的趋势。

由图 3.3 - 3（c）和图 3.3 - 3（d）可知：随着矿粉、增强剂掺量的增大，植生混凝土 28d 抗压强度呈现逐步增大的趋势。矿粉及增强剂在 Ca(OH)₂ 强碱环境中易激发潜在活性，并参与水泥二次水化反应，使得粗集料接触面过渡层的低强度钙矾石、Ca(OH)₂ 结晶体减少，增加 C—S—H、C—A—H 凝胶生成量，改善了微孔隙结构，水泥石质量得以提高，进而提高抗压强度。相较于矿粉，增强剂颗粒粒径更小，为 $0.13 \sim 0.16 \mu m$，比表面积更大，约为 $20000 m^2/kg$，因此即便是掺入少量增强剂也可优化胶凝材料细粒级配，充分发挥微集料效应减少硬化浆体有害孔。

2. 植生混凝土 28d 抗压强度方差分析

采用方差分析法确定植生混凝土 28d 抗压强度测试结果的误差大小及因素显著性检验。取检验水平为 0.01、0.05、0.1，对应的置信度分别为 99%、95%、90%，从 F 分布表中查取临界值 $F_{0.01}$、$F_{0.05}$、$F_{0.1}$，判断各因素对植生混凝土抗压强度的显著性情况。植生混凝土 28d 抗压强度方差计算结果分析见表 3.3-9 和表 3.3-10。

表 3.3-9　　　　　　　　　植生混凝土抗压强度方差计算表

项目	A 水胶比	B 粉煤灰掺量 /%	C 矿粉掺量 /%	D 增强剂掺量 /%	抗压强度 /MPa
PC-1	0.23	5	5	2	7.9
PC-2	0.23	10	10	4	8.3
PC-3	0.23	15	15	6	9.8
PC-4	0.23	20	20	8	10.2
PC-5	0.25	5	10	6	11.7
PC-6	0.25	10	5	8	10.7
PC-7	0.25	15	20	2	9.1
PC-8	0.25	20	15	4	8.3
PC-9	0.27	5	15	8	13.0
PC-10	0.27	10	20	6	12.3
PC-11	0.27	15	5	4	10.0
PC-12	0.27	20	10	2	8.7
PC-13	0.29	5	20	4	11.0
PC-14	0.29	10	15	2	9.3
PC-15	0.29	15	10	8	10.9
PC-16	0.29	20	5	6	8.8
K_1	36.20	43.60	37.40	35.00	160
K_2	39.80	40.60	39.60	37.60	$P=1600$
K_3	44.00	39.80	40.40	42.60	
K_4	40.00	36.00	42.60	44.80	
K_1^2	1310.44	1900.96	1398.76	1225.00	
K_2^2	1584.04	1648.36	1568.16	1413.76	
K_3^2	1936.00	1584.04	1632.16	1814.76	
K_4^2	1600.00	1296.00	1814.76	2007.04	
Q	1607.62	1607.34	1603.46	1615.14	
S	7.62	7.34	3.46	15.14	

表 3.3-10　　　　　　　　　植生混凝土抗压强度方差分析表

方差来源	平方和	自由度	均方	F 比	临界值	显著性
水胶比	7.62	3	2.54	12.10	$F_{0.01}$ (3, 3) $=29.46$; $F_{0.05}$ (3, 3) $=9.28$; $F_{0.1}$ (3, 3) $=5.39$	**
粉煤灰掺量	7.34	3	2.45	11.67		**
矿粉掺量	3.46	3	1.15	4.76		
增强剂掺量	15.14	3	5.05	24.05		**
误差	0.62	3	0.21			
总和	34.18	15				

从表 3.3-9、表 3.3-10 中可以看出：根据均方（离差平方和）、F 值比较，影响植生混凝土抗压强度因素主次顺序依次为增强剂掺量、水胶比、粉煤灰掺量、矿粉掺量，故方差分析与极差分析结果一致。增强剂掺量、水胶比、粉煤灰掺量对植生混凝土 28d 孔隙环境 pH 的影响显著，F 比均大于置信度 95% 对应的临界值；4 个因素的离差平方和均大于误差平方和，说明该正交试验结果是合理的。

由于本试验植生混凝土抗压强度越大越好，根据各因素的显著性情况，确定增强剂掺量最优水平为 D_4，水胶比最优水平为 A_3，粉煤灰掺量最优水平为 B_1；由于矿粉掺量对植生混凝土抗压强度影响不显著，但还是存在一定程度的影响，可任选一个水平，考虑到矿粉属于固废材料，替代水泥有利于节约成本、缓解水泥资源压力，因此选择矿粉替代掺量最高的水平，即 C_4。故最优配合比为 $A_3B_1C_4D_4$，与极差分析结果一致，说明该正交试验结果是合理的。

3.3.5.3　正交试验影响因素的综合分析

在实际问题中，衡量试验效果的指标往往不止一个，为得到每个指标都尽可能好的组合方案，因此需进行多指标综合分析。在混凝土试验中，常采用"功效分析法"对正交设计结果作出综合评价，"功效分析法"是指正交试验设计中考核的 n 个指标，每个指标都有一定的效应系数 d_i（$i=1, 2, \cdots, n$），通过这些功效系数几何求积得到的总功效系数 d 判断组合的优劣性，$0 \leqslant d \leqslant 1$。一般而言，混凝土试验的考核指标指向性都是一致的，即取值越大越好，但也难免存在个例理想取值越小越好，此时"功效分析法"对多指标综合评价已不再适用。

在多指标综合分析评价时，针对同时存在正向和逆向两类指标的情况，可采用 Z 值综合评价法（Z-score）考虑各因素的综合效果。为提高分析结果的可靠度，应对两类指标进行同趋势化（逆向指标正向化）、无量纲化处理。以本试验为例，抗压、抗折强度值越大越好，为正向指标，而 pH 越低对试验越有利，为逆向指标；并且抗压、抗折强度指标与 pH 之间具有不同的量纲与量纲单位。鉴于此，本书引用 Z 值综合评价法，对植生混凝土孔隙环境 pH、28d 抗压强度进行综合评价，选取较优的配合比。

Z 值综合评价法指将原始试验数据进行标准化处理，通过对各指标处理后的数据求和得到的 $\sum Z_i$ 值判断组合的优劣性。具体步骤如下：

（1）各组 Z 值计算，Z 计算也就是无量纲化过程。按式（3.3-1）计算。

$$Z_i = (X_i - K_i)/S_i \qquad (3.3-1)$$

式中：i 为组号，$i = 1，2，\cdots，16$；K_i 为对应检验指标平均值；S_i 为对应指标标准差。

（2）各组 $\sum Z$ 值计算，按式（3.3-2）计算。

$$\sum Z_i = \sum Z_{i正向} + \sum Z_{i逆向} \qquad (3.3-2)$$

式（3.3-2）通过计算每组各检验指标代数和 $\sum Z_i$ 判定最优组。计算时，应"加上"正向指标 Z 值，"减去"逆向指标，以得到 $\sum Z_i$ 越大越优的结果，针对本试验，以 ZX_1 与 ZX_2 分别代表植生混凝土孔隙环境 pH 与 28d 抗压强度的 Z 值，即用公式表示为 $\sum Z_i = -ZX_1 + ZX_2$。

根据上述公式进行计算和分析，具体结果见表 3.3-11。

表 3.3-11　　　　　　　　　Z 值综合评价法计算结果表

组号	pH ZX_1	抗压强度 ZX_2	$\sum Z_i$	组号	pH ZX_1	抗压强度 ZX_2	$\sum Z_i$
ZSC-1	1.49	-1.44	-2.93	ZSC-9	0.12	2.05	1.93
ZSC-2	-0.26	-1.16	-0.9	ZSC-10	-0.33	1.57	1.9
ZSC-3	-1.07	-0.14	0.93	ZSC-11	0.91	0	-0.91
ZSC-4	-2.29	0.14	2.43	ZSC-12	0.42	-0.89	-1.31
ZSC-5	0.49	1.16	0.67	ZSC-13	1.24	0.68	-0.56
ZSC-6	-0.43	0.48	0.91	ZSC-14	1.55	-0.48	-2.03
ZSC-7	0.17	-0.62	-0.79	ZSC-15	-0.86	0.62	1.48
ZSC-8	-1.03	-1.16	-0.13	ZSC-16	-0.11	-0.82	-0.71

采用 Z 值综合评价法进行分析，第 4 组的 $\sum Z_i$ 值最大，其相应的试验条件分别为 $A_3B_1C_3D_4$，即水胶比为 0.27，粉煤灰掺量为 5%，矿粉掺量为 15%，增强剂掺量为 8%。最优水平组合下的植生混凝土配合比见表 3.3-12。

表 3.3-12　　　　　　最优水平组合下的植生混凝土配合比　　　　　　单位：kg/m³

原材料	水泥	粉煤灰	矿粉	增强剂	减水剂	碎石	水
用量	176	12	37	20	0.61	1496	66

3.4　植生混凝土降碱技术研究

利用降碱料吸碱原理制备而成的植生混凝土 pH 相比于普通混凝土低 2～3 个单位，但为了满足植生混凝土的植生性能要求，仍需对其进行降碱处理，以达到植物的适生碱性范围。

基于前述优选的植生混凝土配合比，在遵循植生混凝土降碱原则的前提下，从化学降碱、物理封碱、农艺降碱 3 方面展开植生混凝土降碱技术研究，探讨其各自对植生混凝土性能的影响。

3.4.1　化学降碱法对植生混凝土性能的影响

根据植生混凝土孔隙碱性来源的分析，发现对植生混凝土体系中植物生存产生影响的是可溶性碱 $Ca(OH)_2$，运用化学原理消耗这部分可溶性碱是较为简单、操作性强的降碱方法，鉴于降碱措施既要保证混凝土结构稳定性又要满足植物生长的条件，合理选用化学降碱材料显得十分重要。与 $Ca(OH)_2$ 发生反应的常见物质有酸和盐两类，本书将选用不同浓度的柠檬酸和过磷酸钙对植生混凝土进行降碱处理。

3.4.1.1　柠檬酸对植生混凝土性能的影响

1. 柠檬酸对植生混凝土 pH 的影响

按表 3.3-12 配合比制备尺寸为 $100mm \times 100mm \times 100mm$ 的植生混凝土试块若干，试块养护至 28d 后取出 3 组试块，将柠檬酸加水配制成浓度为 1％、3％、5％的柠檬酸溶液，然后把各组试块分别置于浓度为 1％、3％、5％柠檬酸溶液中，并覆膜密封处理，定期测定浸泡液的 pH。各组柠檬酸浸泡液 pH 随时间变化趋势如图 3.4-1 所示，图中 0d pH 代表各组植生混凝土降碱处理前的 pH。

由图 3.4-1 可知，采用 1％、3％、5％浓度的柠檬酸溶液浸泡植生混凝土试块，3 组试块的孔隙环境 pH 均能在 1 天内降至最低状态，这是因为柠檬酸与依附在植生混凝土试块表面的混凝土水化产物可溶性 $Ca(OH)_2$ 迅速发生中和反应，使得孔隙环境 pH 陡降至 6～6.5；但随着处理时间的延长，各组植生混凝土试块的孔隙环境 pH 呈逐步上升后趋于稳定的趋势，一方面是因为植生混凝土试块可溶性碱的析出是一个持续和动态的过程，中和反应降低了水溶液中 $Ca(OH)_2$ 浓度，为维持孔隙碱性平衡，促使试块表面不断析出 $Ca(OH)_2$，而柠檬酸浓度不断降低，从而增大了孔隙环境 pH。另一方面是因为柠檬酸与可溶性碱的中和反应，在植生混凝土试块表面生成一层柠檬酸钙沉淀（图 3.4-2），而柠檬酸钙是一种微溶于水的白色物质，易促使试块疏松

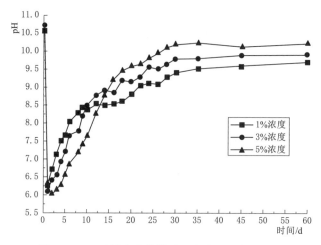

图 3.4-1 不同浓度柠檬酸浸泡液 pH 变化趋势

图 3.4-2 柠檬酸浸泡净浆试块

沉淀表层下未充分水化的水泥继续发生水化反应,不断生成 Ca(OH)$_2$,导致孔隙环境 pH 逐步上升;而后植生混凝土孔隙碱性达到动态平衡,故最终 pH 趋于稳定。

通过对比图 3.4-1 中 3 组曲线发现,1%浓度柠檬酸溶液的降碱幅度最大,约为 8.2%,其次为 3%浓度的柠檬酸溶液,降幅约为 7.5%,5%浓度的柠檬酸溶液降碱幅度最小,约为 3.1%。刚开始,将植生混凝土试块浸入柠檬酸溶液后,浓度为 1%的柠檬酸浸泡液的 pH 上升速度最快,第 9 天达到第一次平衡,pH 约为 8.46,第 28 天达到第二次平衡,pH 约为 9.3,随后趋于稳定,60d 时 pH 约为 9.72;浓度为 3%的柠檬酸浸泡液的 pH 上升速度次之,第 14 天达到第一次平衡,pH 约为 9.2,第 30 天达到第二次平衡,pH 约为 9.7,随后趋于稳定,60d 时 pH 约为 9.93;浓度为 5%的柠檬酸浸泡液的 pH 上升速度最慢,60d 达到平衡,pH 约为 10.23。

将 3 组曲线 pH 的变化趋势划分为两个阶段:第一阶段,柠檬酸与氢氧化钙激烈反应后,柠檬酸浓度降低,而植生混凝土继续释放出可溶性 Ca(OH)$_2$,此阶段 pH 回升较快。其中 5%浓度柠檬酸浸泡液的 pH 回升速度最慢,这是因为 5%浓度的柠檬酸浸泡液中柠檬酸含量最多,可以持续与植生混凝土析出的碱性物质发生反应,直至柠檬酸消耗完毕,1%浓度的柠檬酸浸泡液中柠檬酸含量最少，因此其 pH 回升速度最快，3％浓度的柠檬酸溶液次之；第二阶段，浸泡液中柠檬酸消耗完毕，为维持植生混凝土孔隙的碱性平衡，水泥水化继续析出可溶性 $Ca(OH)_2$，且柠檬酸的浓度越高，析出的碱性物质越多、速度越快，即水泥的负反馈作用随柠檬酸的浓度升高而增大。

2. 柠檬酸对植生混凝土抗压强度的影响

各柠檬酸浸泡降碱试验组的植生混凝土 28d 抗压强度测试结果见图 3.4-3。

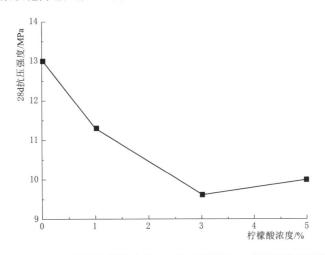

图 3.4-3 不同浓度柠檬酸处理后植生混凝土 28d 抗压强度变化

由图 3.4-3 可知，经柠檬酸浸泡 28d 后的植生混凝土相比未进行降碱处理的植生混凝土，其抗压强度均有所降低，其中 1％浓度柠檬酸浸泡过的植生混凝土抗压强度降低幅度约为 13.2％，3％浓度柠檬酸浸泡过的植生混凝土抗压强度降低幅度约为 25.9％，5％浓度柠檬酸浸泡过的植生混凝土抗压强度降低幅度约为 23.3％。

采用柠檬酸对植生混凝土进行浸泡降碱处理后，其力学性能受到一定的影响，柠檬酸浓度从 1％～5％变化时，植生混凝土抗压强度的降低幅度呈先大后小的趋势。首先，柠檬酸溶液处理后的植生混凝土抗压强度呈现不同程度的降低现象，这是因为柠檬酸属于易溶于水的强酸性物质，而在酸性条件下，混凝土水化产物中的凝聚结构被破坏，即稳定性降低。其次，当柠檬酸浓度由 1％增大到 3％时，植生混凝土抗压强度降幅增大，这是因为柠檬酸溶液浓度较低时，柠檬酸参与反应的过程较为缓和，分解凝聚结构的速度相对较慢，而随着柠檬酸浓度的加大，反应速度和分解程度加剧，导致植生混凝土抗压强度进一步下降；柠檬酸浓度由 3％增大到 5％时，由于柠檬酸含量增多，H^+ 与 OH^- 不断中和，促使水化反应朝着产生 $Ca(OH)_2$ 的方向进行，进而小幅度提高了植生混凝土的强度，且柠檬酸参与中和反应生成的柠檬酸钙微溶物依附在植生混凝土表面，可能使其强度有所提高。

综上所述，不同浓度柠檬酸对植生混凝土进行浸泡处理时，因为酸浓度越高，水泥的负反馈作用越大，所以1%浓度的柠檬酸溶液降碱效果要优于3%、5%浓度的柠檬酸溶液，但不同浓度的柠檬酸溶液处理后均导致植生混凝土的抗压强度下降，降低幅度为13%～26%。因此，植生混凝土不宜片面选用柠檬酸浸泡的方式进行降碱处理。

3.4.1.2　过磷酸钙对植生混凝土性能的影响

1. 过磷酸钙对植生混凝土pH的影响

将过磷酸钙加水配制成浓度为1%、2%、3%的过磷酸钙溶液，然后采用浓度为1%、2%、3%过磷酸钙溶液对养护至28d龄期的植生混凝土试块进行喷洒处理，喷洒次数为2次，试验过程中应注意每次喷洒都需将试块均匀喷洒至滴液状态，然后覆膜包裹放置24h，最终采用前述的pH测试方法测定植生混凝土孔隙环境的pH，3组植生混凝土孔隙环境碱性pH随时间变化曲线见图3.4-4。

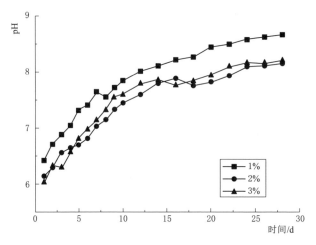

图3.4-4　不同浓度过磷酸钙处理后植生混凝土pH变化

基准组植生混凝土孔隙环境pH为10.76，通过对比图3.4-4中的3组曲线发现，植生混凝土试块经浓度为1%的过磷酸钙溶液喷洒处理后，其降碱幅度最小，约为19.4%，而经浓度为2%、3%的过磷酸钙溶液处理后的植生混凝土，28d后二者降幅相当，分别为24.3%、23.8%。相较于基准组（龄期28d后不采取降碱措施）的植生混凝土孔隙pH，过磷酸钙处理过的植生混凝土pH显著降低，说明过磷酸钙喷洒处理能有效降低植生混凝土的pH，抑制可溶性碱性物质的析出，这是因为过磷酸钙主要由磷酸二氢钙、少量游离磷酸和无水硫酸钙组成，其中的磷酸二氢钙与磷酸均与植生混凝土可溶性碱发生反应，降低了水溶液中 OH⁻ 浓度，伴随生成磷酸钙沉淀。

2. 过磷酸钙对植生混凝土抗压强度的影响

不同浓度的过磷酸钙喷洒降碱试验组的植生混凝土 28d 抗压强度测试结果见图 3.4－5。

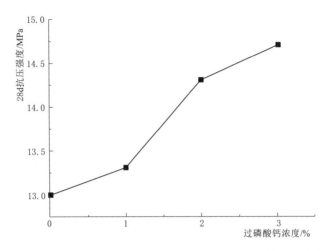

图 3.4－5　不同浓度过磷酸钙处理后植生混凝土 28d 抗压强度变化

由图 3.4－5 可知，经过磷酸钙喷洒处理后，植生混凝土相比未进行降碱处理的植生混凝土，28d 其抗压强度均有所提高，其中经 1％浓度过磷酸钙喷洒处理过的植生混凝土抗压强度提高幅度约为 2.3％，经 2％浓度过磷酸钙喷洒处理过的植生混凝土抗压强度提高幅度约为 9.3％，经 3％浓度过磷酸钙喷洒处理过的植生混凝土抗压强度提高幅度约为 13.1％。

采用不同浓度的过磷酸钙溶液对植生混凝土进行喷洒处理，其对植生混凝土抗压强度有不同程度的增强作用，原因在于过磷酸钙与可溶性碱生成的磷酸钙难溶物，不仅填充了植生混凝土粗集料接触面薄弱层的微孔隙，增大了受力界面的密实度，而且依附在植生混凝土表面的磷酸钙沉淀均利于植生混凝土抗压强度。根据不同浓度过磷酸钙处理后植生混凝土抗压强度变化曲线，过磷酸钙浓度从 1％增大到 3％，植生混凝土抗压强度呈逐步增大的趋势，这是因为当过磷酸钙浓度为 1％时，其与可溶性碱发生反应的物质含量少，故生成难溶物磷酸钙的量就少，增强效应相对较弱；伴随过磷酸钙浓度增大，磷酸钙生成量增加，抗压强度增强效应提高。

综上所述，采用过磷酸钙对植生混凝土进行喷洒降碱处理，不仅能有效降低植生混凝土孔隙环境的 pH，而且有利于增大植生混凝土强度、提高稳定性。由于使用浓度为 2％与 3％的过磷酸钙溶液处理植生混凝土时，其降碱效果相差不大，因此，在满足植生混凝土强度要求的前提下，从经济性角度考虑，宜选用 2% 的过磷酸钙溶液对植生混凝土进行降碱处理。

3.4.2　物理封碱法对植生混凝土性能的影响

物理封碱就是通过特定措施使植生混凝土表面形成一层均匀的致密薄膜，抑制碱性物质尤其是可溶性碱性物质的析出，隔绝其与孔隙填充的基质的直接接触，从而达到植生混凝土孔隙环境利于植物生长的目的。物理封碱常选用分散性好、抗破乳性强的环氧树脂，但环氧树脂的成本高、配制过程较复杂。因此，从经济性和可操作性两方面综合考虑，本书将选用 DPS 剂和石蜡对植生混凝土进行封碱处理。

3.4.2.1　DPS 剂对植生混凝土性能的影响

1. DPS 剂喷涂次数对植生混凝土 pH 的影响

待植生混凝土试块养护至 28d 后，采用 DPS 剂对 4 组植生混凝土试块进行喷涂处理，喷涂次数依次为 1、2、3、4 次。具体喷涂方法为：采用喷雾装置第一次喷涂后覆膜包裹放置 24h，即每间隔 1d 进行第 2、3、4 次喷涂，注意每次喷涂完毕都应覆膜包裹。DPS 剂喷涂处理后的各组植生混凝土孔隙环境 pH 如图 3.4 - 6 所示。

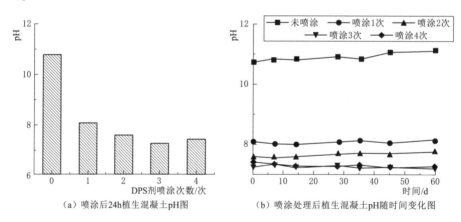

（a）喷涂后 24h 植生混凝土 pH 图　　（b）喷涂处理后植生混凝土 pH 随时间变化图

图 3.4 - 6　DPS 剂处理后植生混凝土孔隙环境的 pH

从图 3.4 - 6 可以看出，基准组植生混凝土未采用物理封碱法处理时，其孔隙环境 pH 稳定在 11 左右，而用 DPS 剂进行植生混凝土表面喷涂处理后，植生混凝土孔隙环境的 pH 显著降低。从喷涂次数来看，喷涂 1～4 次的植生混凝土孔隙环境 pH 相比于基准组，其降低幅度分别为 25%、29.5%、32.5% 和 31.1%，即使用 DPS 剂喷涂 3 次时封碱效果最佳，之后继续喷涂对植生混凝土孔隙环境 pH 影响不大。

由图 3.4-6（b）可知，DPS 剂封碱处理后，植生混凝土孔隙环境的 pH 并未随处理时间的延长而逐渐增加，而是维持基本稳定状态，这是因为 DPS 剂在植生混凝土表面形成了一层高分子聚合物薄膜，有效阻隔了植生混凝土可溶性碱析出。

2. DPS 剂喷涂次数对植生混凝土抗压强度的影响

DPS 剂喷涂处理后的各组植生混凝土的孔隙率和抗压强度结果见图 3.4-7。

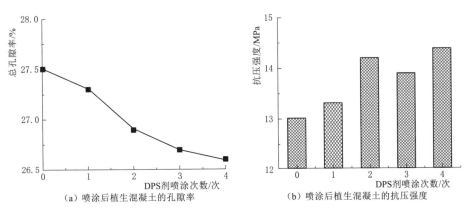

（a）喷涂后植生混凝土的孔隙率　　　　（b）喷涂后植生混凝土的抗压强度

图 3.4-7　DPS 剂处理后植生混凝土的孔隙率和抗压强度

植生混凝土表面采用 DPS 剂喷涂处理后，其孔隙率和抗压强度发生了一定的变化。从图 3.4-7 可以看出，随着 DPS 剂喷涂次数的增加，植生混凝土试块的总孔隙率逐渐降低，抗压强度逐步增大。这是因为 DPS 剂中硅烷的小分子结构透过植生混凝土表层，渗透到混凝土毛细孔内，并与毛细孔内残余水分、游离碱性物质发生化学反应，聚合形成网状交联结构的高分子羟基团和枝蔓状晶体物质。然后这些高分子羟基团和晶体物质胶连、堆积固化在毛细孔内或表面，密实了植生混凝土胶结层的孔隙结构。因此，随 DPS 剂喷涂次数的增加，植生混凝土孔隙率下降、抗压强度增大。

3.4.2.2　石蜡对植生混凝土性能的影响

将养护至龄期的植生混凝土自然风干或烘干，使植生混凝土游离的水分完全蒸发；工业石蜡加热融化成液态，立即将植生混凝土试块浸入液态石蜡中，稍微摇晃促使液态石蜡浸入连通孔隙中，直至无明显气泡冒出；将植生混凝土试块从液态石蜡中取出，待石蜡冷却后采用液状石蜡油进行 2 次浸泡，或结束浸泡操作静置 24h，然后采用植生混凝土多孔基体浸泡法定期测定其孔隙环境的 pH。石蜡浸泡处理前后植生混凝土孔隙环境 pH 随时间的变化曲线如图 3.4-8 所示。

由图 3.4-8 可以看出，用石蜡进行浸泡处理使植生混凝土孔隙环境的碱

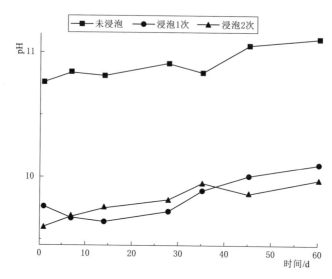

图 3.4 - 8 石蜡浸泡处理前后植生混凝凝土 pH 随时间变化

性有所降低,相较于基准组,石蜡浸泡 1 次和浸泡 2 次后植生混凝土孔隙环境 pH 分别下降 1、1.17 个单位,下降幅度分别为 9.3% 和 10.9%,可见石蜡浸泡 1 次和浸泡 2 次处理对植生混凝土孔隙碱性变化的影响不大,这是因为第一次将植生混凝土浸入液态石蜡时,液态石蜡已充分均匀的包裹在植生混凝土试块的表面或渗入连通孔隙中,待石蜡冷却凝固后形成一道致密的石蜡层。

随时间的延长,发现石蜡处理过的植生混凝土孔隙环境 pH 经过一段稳定期后又呈小幅度提高,这是因为前期石蜡层阻止了可溶性碱性物质水或其他介质中释放,此时植生混凝土孔隙环境 pH 在 9.5~9.8 的范围内波动;随后由于石蜡的稳定性较弱,容易氧化变质,且石蜡属于脆性物质,附着在植生混凝土表面易断裂或脱落,抑碱能力下降,即后期所测得的植生混凝土孔隙环境 pH 小幅度回升。

由石蜡处理前后植生混凝土孔隙率的变化曲线(图 3.4 - 9)可知,使用液状石蜡油进行二次浸泡对孔隙率几乎没有影响,即可以证明石蜡浸泡可达到蜡封的效果。根据石蜡蜡封降碱的作用机理,石蜡并未破坏植生混凝土的孔隙结构,且由于石蜡的脆性属性,石蜡蜡封对植生混凝土的抗压强度较小。

3.4.3 农艺降碱法对植生混凝土性能的影响

植生混凝土技术研究的最终目的是通过解决植物与多孔混凝土二者间的相容性问题,从而实现植生混凝土的功能效益和生态效益。由于植生混凝土

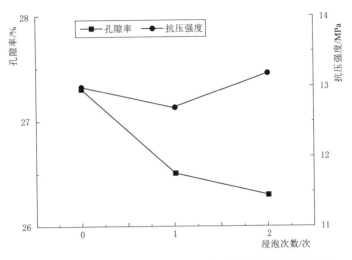

图 3.4-9 石蜡浸泡处理前后植生混土的孔隙率与抗压强度

不断向其孔隙内填充的种植基质释放可溶性碱性物质，植物根系直接赖以生存的基质环境碱性过高，影响植物正常生长。因此，本书将选用硫酸亚铁和碳酸氢铵对种植基质进行碱性缓冲改造，然后将种植基质填充至植生混凝土孔隙中，测定种植基质孔隙基质 pH 和植生混凝土抗压强度。

3.4.3.1 硫酸亚铁、碳酸氢铵对植生混凝土孔隙环境 pH 的影响

将天然土壤和泥炭土按 1∶1 的比例配置成种植基质，然后分别向其中掺加 0.5%、1% 的硫酸亚铁和碳酸氢铵进行种植基质碱性缓冲改造。取出养护至龄期的植生混凝土并向孔隙中灌注具有一定流动度的种植基质浆体，种植基质与水按照 1∶2 的比例混合均匀。定期取出植生混凝土孔隙中的种植基质，测定种植基质的 pH，试验结果如图 3.4-10 所示。

由图 3.4-10 可以看出，未掺加碱性缓冲材料的植生混凝土孔隙种植基质 pH 随填充时间的延长呈现逐渐增大的趋势，且增速逐渐变缓，60d 时 pH 最终稳定在 11 左右。虽然掺加碱性缓冲材料硫酸亚铁和碳酸氢铵的植生混凝土种植基质 pH 也随时间增长持续增大，但相对于未掺加碱性缓冲材料的种植基质而言，其早期 pH 碱度较低，前 7d 变化幅度较小，一方面是因为种植基质中泥炭土腐殖质可以中和碱，生成氨基酸钙，另一方面是硫酸亚铁和碳酸氢铵与植生混凝土释放迁移到种植基质中的可溶性氢氧化钙发生了化学反应，使早期种植基质的 pH 维持在一定的范围，即掺加硫酸亚铁和碳酸氢铵的种植基质对可溶性碱具有缓冲能力。而后期 pH 持续增长是由于碱性缓冲材料消耗完后，土壤中的 OH⁻ 不断积累沉积，碱性不断加强，直至植生混凝土多孔基体与种植基质达到碱性平衡，pH 才趋于稳定。

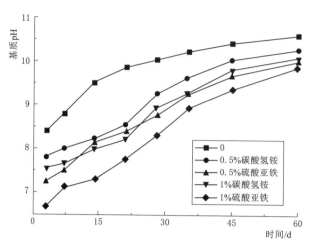

图 3.4-10 种植基质 pH 随时间的变化曲线

对比硫酸亚铁和碳酸氢铵两种缓冲材料，当掺量相同时，早期含碳酸氢铵的种植基质碱性缓冲效果优于硫酸亚铁，这是因为碳酸氢铵的相对分子质量低于硫酸亚铁，相同质量的两种物质，碳酸氢铵的物质量更多，消耗的氢氧化钙越多，种植基质的碱性缓冲效果越好；后期碳酸氢铵的缓冲效果明显减弱，主要原因是随反应的进行种植基质中的碳酸氢铵的含量减少，而且碳酸氢铵的稳定性较弱，易分解成气体挥发，从而导致反应能力下降。

通过分析比较得出结论，种植基质中掺加硫酸亚铁或碳酸氢铵的农艺降碱方式，可有效缓解前期种植基质中可溶性碱性物质的积累，但随着时间的递进，反应持续进行，种植基质中硫酸亚铁或碳酸氢铵的含量逐渐减少，植生混凝土释放出的 OH⁻ 堆积，使种植基质碱性不断走高直至达到平衡状态，最终平衡状态 pH 不利于植物生长。

3.4.3.2 硫酸亚铁、碳酸氢铵对植生混凝土抗压强度的影响

植生混凝土孔隙填充了掺加硫酸亚铁、碳酸氢铵的种植基质，放置 28d 后取出孔隙中内的基质，测定植生混凝土的抗压强度，测试结果如图 3.4-11 所示。

图 3.4-11 说明了掺加碱性缓冲材料硫酸亚铁、碳酸氢铵的种植基质对植生混凝土的抗压强度产生影响，当硫酸亚铁、碳酸氢铵掺量为 0.5% 时，植生混凝土的抗压强度相比未掺加碱性缓冲材料的植生混凝土分别下降了 4.7%、3.1%，当硫酸亚铁、碳酸氢铵掺量为 1% 时，植生混凝土的抗压强度分别下降了 11.8%、7.8%，即植生混凝土硫酸亚铁和碳酸氢铵掺量越多，与其对应的植生混凝土抗压强度降低幅度越大，因为硫酸亚铁和碳酸氢铵的掺入导致水泥水化的产物受到侵蚀发生了分解，从而造成植生混凝土抗压强度下降。

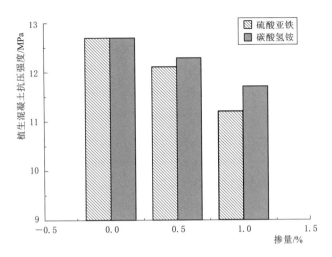

图 3.4-11 碱性缓冲材料处理过的植生混凝土抗压强度

综上所述，采用硫酸亚铁或碳酸氢铵改造种植基质的方式对植生混凝土孔隙环境进行改善，仅可有效降低前期种植基质中的可溶性碱性物质的积累，而后期孔隙环境 pH 过高，仍不适合植物生长。因此，在实际工程中不宜片面采取农艺降碱方式对植生混凝土进行处理。根据前述研究，在实际工程中可通过物理封碱与农艺降碱相结合的形式对植生混凝土进行降碱处理，这样不仅能有效抑制碱性物质的析出，而且对碱性环境有一定缓冲作用。

3.4.4 降碱技术评价

综合前文 3.4.1～3.4.3 中的研究内容，总结各降碱方法降碱效果见表 3.4-1。

表 3.4-1 降 碱 方 法 效 果 对 比

降碱处理方法	降碱材料	对强度的影响	对孔隙 pH 的影响
化学降碱法	柠檬酸	降低强度	降幅 3%～8%
	过磷酸钙	提高强度	降幅 19%～25%
物理封碱法	DPS 剂	提高强度	pH 长期稳定在 7～8
	石蜡	无明显影响	降低 1 个单位，稳定性差
农艺降碱法	碳酸氢铵与硫酸亚铁	降低强度	降低约 1 个单位

从表 3.4-1 可知，综合各降碱技术对植生混凝土强度和碱性的影响效果，适用于植生混凝土孔隙环境碱性改善的单一降碱技术分别是过磷酸钙溶液喷洒法与 DPS 剂喷涂法。由于过磷酸钙溶液喷洒法需严格控制喷洒浓度与

喷洒时间，考虑到工程应用的可操作性，其更适于对预制型植生混凝土试块进行降碱处理，而 DPS 剂喷涂技术操作简便，适于短时间大面积施工，适用于预制型、现浇型植生混凝土的降碱处理。

3.5　植物栽培工艺研究

从某种意义上来讲植生混凝土属于无土栽培的一种，其植生原理为：以植生混凝土的多孔混凝土作为基体，首先调配基质填充基体的孔隙，其次在基体上表面铺设带种子的覆层基质（或平铺草皮），待植物种子发芽、根系发展后到达基体下表面。覆层基质不仅为种子初期萌发提供水分、养分，还能防止基体内填充基质流失、减缓水分蒸发；孔隙填充基质的理化性质直接决定了幼苗根系是否能在孔隙内正常生长发展。因此，本节研究了覆层基质、孔隙填充基质的配制和铺设填充以及植生施工艺等。

3.5.1　植生混凝土种植基质的优化配制

3.5.1.1　优良种植基质的特征

种植基质除了应满足植物生长的基本要求外，还应具备一定的物理、化学特性。反映种植基质物理特性的主要指标有粒径、容重、总孔隙率等。反映种植基质化学特性的主要指标为有效成分（有机质、氮磷钾及微量元素）、酸碱性、盐基交换量、缓冲能力等。其中，物理特性决定了基质的保水、保肥、透气性和种子发芽率；化学特性决定了基质的生长速度、根系发展程度。综上所述，应选择具有充足的营养、良好的保水性和透气性好、质轻的种植基质。

3.5.1.2　植生混凝土种植基质原材料的选用原则

植生混凝土体系中的多孔混凝土基体仅为植物生长提供了一定的场所，但其并未提供植物生长及根系发展所需的营养物质，故多孔混凝土镂空孔隙中应填充一定量的种植基质，并称之为孔隙填充基质，以满足植物生长需要。此外，铺设在多孔混凝土表面的一层种植基质称之为覆层基质。根据种植基质不同的使用功能，其原材料的选用也应遵循相应的原则。

1. 孔隙填充基质的选用原则

（1）粒径小、易填充：由于植生混凝土多孔混凝土基体孔隙孔径较小，为使基质较易填入，要求填充基质的粒径要小，否则易导致基质浮于多孔混凝土表面，孔隙填充率低，影响植物根系在孔隙内的生长。

（2）吸水、保水性好：当外部环境较干燥时，孔隙填充基质应提供植物根系所必需的水分以供其生长发育，故植生混凝土孔隙填充基质应具备良好的吸水、保水性能。

（3）分散性强、透气性好：分散能力强的孔隙填充基质，不仅利于形成均质的填充料充分填充孔隙，还能避免出现吸水结团现象。透气性好满足植物根系生理功能需要。

（4）偏酸性：植生混凝土多孔混凝土基体的孔隙环境偏碱性，而一般植物最适宜环境 pH 偏酸性，故采用偏酸性的填充基质有利于改善植物根系生长的环境状态，不仅使植物更旺盛，还扩大了植生混凝土的植物匹配度。

（5）经济、环保：从经济型角度，部分采用天然土壤及其他廉价的原料配制而成的基质，可以减少工程应用的成本；从环保型角度，应采用无毒无害、资源丰富的原材料。

2. 覆层基质的选用原则

从构造上覆层基质为植生混凝土体系面层，为植物种子提供了初始生长环境。植生混凝土覆层基质与孔隙填充基质的选用原则基本一致，但更为重要的是植生混凝土覆层基质初期应具备抵抗雨水冲刷能力。这是因为在植物种子萌发阶段，由于雨水冲刷等作用，不具抗雨水冲刷能力的覆层基质易出现基质材料与植物种子流失、植物发芽率低等现象。

3.5.1.3　植生混凝土种植基质的基本组成材料

1. 天然土壤

选取广州当地天然土壤作为种植基质的主要成分，优势可从两方面展开分析。一是本土植物对当地天然土壤有良好的适应性；二是天然土壤富含各类元素和微生物群，为植物生提供营养素，是最常见且最易得的基质。但天然土壤密度较大，即容重大，表现为基质密实性强、透水透气性较差，对植物生长不利，应选用其他材料取代部分天然土壤，增强相关性能促进植物生长。

2. 泥炭土

泥炭土是在长期积水且缺氧条件下，由大量分解不充分的植物残积体堆积而成，是一种无菌、无味、无毒、环保的绿色天然有机质。根据泥炭土形成的条件，泥炭土可分为苔藓泥炭土与草炭土两类。苔藓泥炭土具备良好的透气性、自由孔隙率高、保水性好、pH 稳定，破壁细胞供养周期性强，能够促进植物根系生长，且不易积水烂根。草炭土偏酸性，保水保肥性好，但容易板结。泥炭土如图 3.5 - 1 （a）所示。

3. 有机肥

为植物提供全面的营养成分而且肥效较长，促进微生物的繁殖，改善土壤的物理化学特性和生物活性，使植物稳定生长。有机肥如图 3.5 - 1 （b）所示。

（a）泥炭土

（b）有机肥

（c）硫酸亚铁

图 3.5-1　植生混凝土种植基质的基本组成材料

4. 硫酸亚铁

经降碱处理的多孔混凝土孔隙与植物生长最适环境 pH 范围有一定偏差，所以选用微量硫酸亚铁改造种植基质偏酸性，这样不仅利于植物根系生长、增加植物体叶绿素，同时也利于扩大植物物种选型的范围。图 3.5-1（c）为硫酸亚铁，呈灰白色至米白色的粉末状，铁离子含量高达 98％以上，其性能稳定。

3.5.1.4　植生混凝土种植基质的优化材料

1. 保水材料

保水材料如图 3.5-2 所示。

（1）蛭石：蛭石为植物生长提供 K、Mg、Ca 和微量元素 Mn、Cu 等。质地疏松，可改善土壤的结构，吸水量达到自身质量的 1.5～8 倍，保水、保肥、透气性好，缓和酸碱变化（pH）的能力强，促进植物生根发根。

（2）珍珠岩：珍珠岩是天然硅酸盐矿物质经高温处理而成的膨胀材料。质地疏松，呈多孔隙结构，吸水量达到自身质量 2～3 倍，作为改良土壤的重要物质，增大土壤通气性，使根部接触足够氧气。化学性能稳定，pH 稳定，不会对植物产生伤害。

（a）蛭石　　　　　　　　　　（b）珍珠岩

图 3.5－2　保水材料

（3）SAP 吸水树脂：SAP 吸水树脂是一种功能性高分子聚合物，与水接触可在短时间内吸收大于自身重量几百倍的水，其特点是防水缓慢们可以延缓灌溉和浇水的时间，3 年内反复使用，最后降解成 N、P、K 等物质补充土壤营养。图 3.5－3 为 SAP 吸水树脂材料吸水前后对比图。

（a）吸水前　　　　　　　　　　（b）吸水后

图 3.5－3　SAP 吸水树脂材料吸水前后对比图

2．固化材料

胶体类固化剂：植物生长发育前期，根系加固作用弱，选用胶体类固化剂对覆层基质进行加固处理，防止雨水、河道冲刷作用时基质软化、基质颗粒结构被破坏、植株根部裸露的现象发生。

3.5.1.5　植生混凝土种植基质的配比

1．孔隙填充基质的配比

根据植生混凝土孔隙填充基质材料的选用原则，本书选用广州番禺区的天然土壤为基本材料，并掺入适量的泥炭土、SAP 吸水树脂、有机肥和硫酸亚铁，将其拌和均匀后进行破碎处理，使颗粒呈细碎状。植生混凝土孔隙填充基质的具体组成比例见表 3.5－1。

表 3.5-1　　　　　　　　孔隙填充基质各材料组分配比　　　　　　　　　　%

天然土壤	泥炭土	SAP 吸水树脂	有机肥	硫酸亚铁
54	45	0.05	0.45	0.5

孔隙填充基质能否均匀填充到植生混凝土多孔基体的孔隙内是决定植物能否正常生长的关键环节，因此，本书提出了 3 种基质填充方法，见表 3.5-2，采用上述配比进行植生混凝土孔隙基质填充试验。

表 3.5-2　　　　　　　　　　填　充　方　法

方法名称	具　体　操　作
喷射法	采用压力枪将基质浆体喷射注入植生混凝土多孔基体孔隙内
浸入法	将植生混凝土试块浸入基质浆体中，利用基质流动性自行灌入孔隙内
灌浆法（自重式）	将一定扩展度的基质浆体倒入试块表面，利用浆体的自重作用填充孔隙

试验结果表明：

（1）将孔隙填充基质加水配制成扩展度为 160～170mm 的基质浆体后，采用喷射法虽能使基质较好的填充多孔基体的孔隙，但由于压力枪的高压作用，出现植生混凝土多孔混凝土试块边缘的碎石脱落现象，即喷射法易对植生混凝土体系造成一定程度的损伤。

（2）采用浸入法进行填充，其一，该法仅适合植生混凝土预制构件，其二，基质流动性过小时无法自动渗入孔隙，基质流动性过大时无法滞留孔隙内部，即基质的填充率较低。

（3）采用灌浆法进行填充，发现孔隙填充基质浆体扩展度小于 185mm 时，仅靠浆体自重作用易出现堵塞表层孔隙、浮浆现象，影响填充效果。孔隙填充基质浆体扩展度大于 230mm 时，浆体易出现倒滤现象，即从多孔基体下表面渗出，无法填充孔隙。经反复验证，当孔隙填充基质浆体扩展度在 185～230mm 范围内时，填充效果较好，且扩展度为 215mm 时最佳。

2. 覆层基质的配比

根据植生混凝土覆层基质材料的选用原则，本书选用广州番禺区的天然土壤为基本材料，掺入适量的泥炭土、石膏、蛭石、珍珠岩、有机肥和硫酸亚铁，并加入一定量的固化剂以提高覆层基质的抗雨水冲刷能力。

因为植物生长至一定高度后，交错的植物叶片减缓了雨水对植生混凝土被面的冲刷作用，鉴于此，考虑植生混凝土初期的抗雨水冲刷性更有意义。采用体积浓度分别为 1.5%、2% 的固化剂，其他材料的配比见表 3.5-3，通过模拟降雨，测试 2min 时植生混凝土覆层基质的被冲起程度和冲刷干净所需的时间。

表 3.5-3　　　　　　　　　覆层基质基本材料配比　　　　　　　　　　%

天然土壤	泥炭土	蛭石、珍珠岩	石膏	有机肥	硫酸亚铁
50	42	4	3	0.5	0.5

试验步骤：①设置坡率为 1∶1 的斜面，底面放置填充了孔隙基质的多孔混凝土试块，然后将覆层基质各材料加水混合均匀后拍附与混凝土斜面上，厚度为 2mm；②根据广州市水务局发布的暴雨强度计算公式，计算设计暴雨强度，具体见式（3.5-1）。

$$q = \frac{167A}{(t+b) \cdot n} \tag{3.5-1}$$

式中：q 为设计暴雨强度，L/(s·hm²)；t 为降雨历时，min；b、n、A 均为参数，根据设计重现期 P 确定。

根据《室外排水设计规范》（GB 50014—2021），$P=3$，$t=5$min。参数 b、n、A 分别根据式（3.5-2）、式（3.5-3）、式（3.5-4）计算。

$$n = 0.847 - 0.57\ln(P - 0.245) \tag{3.5-2}$$

$$b = 15.578 - 1.746\ln(P - 0.295) \tag{3.5-3}$$

$$A = 37.009 - 2.980\ln(P - 0.313) \tag{3.5-4}$$

由式（3.5-2）～式（3.5-4）计算可得，广州市设计暴雨强度为 1152.33L/(s·hm²)，为方便试验控制，取 $q=1150$L/(s·hm²)，即用 32mL/s 的水喷浇覆层基质表面。试验结果见表 3.5-4。

表 3.5-4　　　　　　　　　冲　刷　试　验　结　果

固化剂用量 /%	2min 冲刷程度及冲沟形状	完全冲净所需时间/s
1.5	被冲起程度小，有少量局部细沟，无大冲沟形成	567
2	被冲起程度小，局部细沟少，无大冲沟形成	613

试验结果表明，设计暴雨强度为 1150L/(s·hm²) 时，含 1.5%、2% 浓度固化剂的覆层基质被持续冲刷 2min 后，被冲起的程度小，无大冲沟形成，面层较完整。暴雨强度为 1150L/(s·hm²) 的条件下，固化剂含量为 1.5%、2% 的覆层基质，其完全冲净时间分别为 567s 和 613s。水土的流失量与降雨强度呈正相关，由土壤侵蚀函数 $W_{侵蚀量} = A \cdot i^{0.8} \cdot m^{1.3}$（$A$ 为系数，i 为坡度，m 为降雨强度）计算得出当广州市历史最大降雨强度为 130L/(s·hm²) 时，其土壤流失量为设计暴雨强度 1150L/(s·hm²) 时的 5.9%，固化剂含量为 1.5%、2% 时，2cm 厚覆层基质完全冲净时间分别为 2h40min10s、2h53min10s。一般而言，暴雨持续时间较短，往往不超过 90min，说明固化剂掺量为 1.5%、2% 的覆层

基质均能抵抗暴雨冲刷，即具有一定的抗雨水冲刷性。综合覆层基质的经济性与适用性，后续试验的覆层基质均采用浓度为 1.5% 的固化剂。

3.5.2　植生混凝土植生工艺

通过植生混凝土的植生试验，对其植生施工工艺进行研究，可分为 4 个步骤进行。

（1）准备植生试验所需的多孔混凝土构件。根据植生混凝土配合比制备若干个尺寸为 200mm×200mm×100mm 的构件和边长为 100mm 的立方体试块标准养护后采用 DPS 剂喷涂的方式对构件进行降碱处理。

（2）配制植生混凝土孔隙填充基质及其填充。将天然土壤、泥炭土、SAP 吸水树脂、有机肥和硫酸亚铁按照比例依次加入强制式搅拌机中，充分拌匀后加入适量水，继续搅拌 30s 制成孔隙填充基质浆体，如前所述基质浆体扩展度为 185～230mm 为宜，采用灌浆法将孔隙填充基质填充至多孔混凝土孔隙中，过程中可轻轻敲打多孔混凝土侧面，以便基质充分填充孔隙。将填充好的构件依次密铺在透明亚克力框内，框底面与侧面均开设了一定数量的排水孔，避免试验期间出现积水过多土壤板结的现象。

（3）配制植生混凝土覆层基质及其拍附和植物种植。

1）选择撒播草籽的种植方式。首先，将天然土壤、泥炭土、石膏、蛭石、珍珠岩、有机肥、硫酸亚铁和固化剂加入少量水混合均匀后拍附一层覆盖在多孔混凝土上表面，如图 3.5-4 所示。然后在该土壤层均匀撒播植物草籽，撒播量则需要根据各植物用量规定加以控制，草籽撒播如图 3.5-5 所示，最后再覆一层约 5cm 厚的覆层基质，如图 3.5-6 所示。在此过程中，可先对珍珠岩进行研磨后再与其他配料进行混合搅拌，这是因为本文在进行探索性试验的过程中发现，珍珠岩属于轻质材料，其密度比水小，持续性降雨情况下珍珠岩易浮于土壤表面，并在植株周围成团集结，导致植株苗期倒伏、死亡，如图 3.5-7 所示。

图 3.5-4　拍附第一层覆层基质

图 3.5-5　撒播植物草籽

图 3.5-6　拍附第二层覆层基质　　　图 3.5-7　珍珠岩成团导致植株倒伏

2）选择草皮铺设的种植方式。将天然土壤、泥炭土、石膏、蛭石、珍珠岩、有机肥、硫酸亚铁和固化剂加入少量水混合均匀后覆盖在多孔混凝土表面，整平后密铺草皮，草皮间需留有 1cm 生长间隙，然后用铲子拍打草皮，使草皮和基质充分接触，以保证草皮根部土块尽可能镶进基质中，并浇灌足量水使草皮扎根生长。

（4）追踪养护与管理。植物自播种至出苗后的一段时间，为了提高植物的存活率，需要进行必要的养护管理工作。养护管理工作主要从肥水分控制管理、病虫害防治两方面展开。其中，水分管理尤为重要，水分控制决定着植物的发芽与长势。植物生长早期，水分是保证植物发芽的必要因素，每日应至少早、晚各浇水一次，天气炎热时视情况增加浇水频率，且浇水采用微喷灌的方式。植物种子发芽后，若水分过多，植物根部的呼吸作用减小，即导致根部含氧量减少、植物养分运输合成作用受限；若水分过少，植物光合作用效率降低，叶子易发黄枯萎。肥力控制管理，包括施加基肥和追肥措施，施加基肥就是在基质中加入一定比例的 N、P、K 的复合肥，促进植物的生长；追肥就是在植物长出嫩芽后根据实时生长情况追加肥料，促进植物的根系生长。病虫害防治的目的是使植物对病虫害产生一定的免疫能力，常见的防治措施有喷雾、熏蒸等。

第4章

植绿生态挡墙技术

4.1 概述

过去我国城镇河道挡墙以硬质挡墙为主，主要采用混凝土和浆砌石进行建设。这些挡墙简单且牢固，糙率较低，洪水排泄快速，保障了城镇的防洪安全，也保护了河岸稳定。随着经济社会的发展，人们生态意识的提高，在河道的治理上应更加注重环境和生态。由于硬质挡墙是人为的渠化，丧失自然美感，缺乏生态性和景观性。因此，河道挡墙建设越来越强调生态性和景观性。河道生态挡墙是一种既能起到生态环保的作用，又兼具景观功能、防止水土流失的挡墙。采用生态挡墙护堤，可促进地表水和地下水的交换，也可滞洪补枯、调节水位，恢复河道中动植物的生长环境，利用动植物自身的功能净化水体，还可为水生动植物提供栖息生长场所。河道生态挡墙有利于岸坡保护和生态环境的改善。

目前，在河道整治、灌渠改造、城市河道治理等工程中，除了要求岸坡稳定，同时还要求具有生态功能。因此，开展相关工程建设，需考虑以下几种情况：①在河道治理工程中，需新建挡墙，尽可能选用生态挡墙；②对既有河道护岸进行生态化改造，又分为拆除原有硬质挡墙，采用生态型河流护岸，以及在既有挡墙上进行生态化改造的方式。但由于已有的河道直立式挡墙护岸投资巨大，且具有使行洪排涝速度快、保护河岸稳定、占地面积小、材料易获取、施工较简单等特点，因此，大规模拆除城市硬质挡墙护岸，无论从经济、防洪安全和空间的角度看，代价巨大。

针对以上问题，本书一是提出一整套生态挡墙结构型式；二是提出既有传统硬质挡墙的植绿生态改造技术，即通过在新建挡墙和既有挡墙的外侧墙面设计布置数排种植槽，在种植槽内种植合适种类的植物，不仅提高了挡墙的渗透性，也大大增强河道挡墙的景观效果，达到人居环境绿化和美化的目的。

4.2　植绿生态挡墙

4.2.1　植绿生态挡墙的结构型式

　　植绿生态挡墙是一种具有生态功能的挡墙，解决生态挡墙造价高、传统挡墙缺乏生态的技术难题，主要创新思想是在传统挡墙外侧增加种植槽。它充分利用传统挡墙结构稳定、经久耐用、节省用地、造价较低、方便运行管理等优点。其结构型式如图 4.2-1 所示。

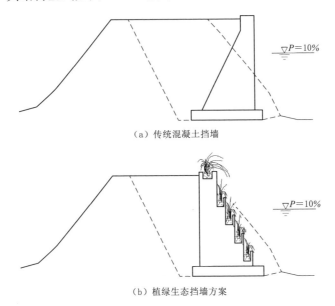

（a）传统混凝土挡墙

（b）植绿生态挡墙方案

图 4.2-1　植绿生态挡墙结构示意图

4.2.2　植绿生态挡墙设计方法

　　1. 槽壁与挡墙混凝土同时浇筑

　　当混凝土种植槽与挡墙混凝土一起浇筑时，槽壁厚可按式（4.2-1）计算。

$$d = \sqrt{\frac{3k\gamma_w v^2}{[\sigma]g} \times \frac{1-\cos\theta}{\sin\theta} \times H_0} \tag{4.2-1}$$

式中：d 为生态种植槽壁厚；k 为绕流系数，$0.7\sim1.0$，一般取 1.0；γ_w 为水的容重；v 为靠近挡墙生态种植槽壁处的水流断面平均流速，可按压缩断面的平均流速考虑，也可近似取生态种植槽河道水流的平均流速；θ 为水流冲击方向与挡墙生态种植槽的夹角；$[\sigma]$ 为混凝土材料允许拉应力；g 为重力加速度；H_0 为生态种植槽壁高度。

为抵抗水流冲刷、降低施工成本，混凝土生态种植槽壁厚 d 不宜小于 10cm 且不宜大于 15cm。浆砌砖生态种植槽壁厚不宜小于 12cm 且不宜大于 20cm，浆砌石生态种植槽壁厚不宜小于 30cm 且不宜大于 40cm。生态种植槽壁高度 H_0 可取 40～50cm，相邻上下两排槽距可取 60～100cm。对于干旱少雨或景观要求高的地方，需要后期维护，可在槽内设置带墒情监测的自动灌溉系统，以保证槽内植物正常生长。受水流的冲刷，种植槽内部分土及养分会被带走，但水流同时也带来养分。由于种植槽被植物覆盖，这种交换相对比较弱，也可采取铺塑料膜的方式予以减轻。经过上述植绿改造，在挡墙临水侧可达到植被全覆盖的生态效果。

2. 先阶梯后槽壁方法

对于整体浇筑的混凝土挡墙及槽壁，已提出混凝土挡墙生态种植槽壁厚度确定及现场整体浇筑方法，但施工单位反馈槽壁立模较为麻烦，影响工程进度。经调研，提出先阶梯后砌筑槽壁的设计方法。由于涉及工程断面、施工质量、施工进度及工程造价，在以前工作的基础上，研究阶梯及砖砌体槽壁尺寸设计是必要的。

将传统混凝土及浆砌石挡墙陡立的临水侧，改进为阶梯式挡墙（图 4.2-2）。当阶梯施工完毕达到设计强度后，在阶梯外沿设置砌体矮墙，形成数排长条形种植槽。与整体浇筑种植槽相比，阶梯式挡墙立模较简单，浇筑混凝土较方便。为养护植物，增加水肥，槽内可布设浇灌水管、浇灌软管、灌水器等。

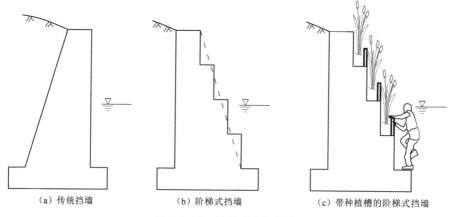

（a）传统挡墙　　　　（b）阶梯式挡墙　　　（c）带种植槽的阶梯式挡墙

图 4.2-2　阶梯式生态挡墙

阶梯高度 H_1 一般为 80～100cm（图 4.2-3），阶梯宽度 B_0 一般为 40～

60cm，砌筑种植槽壁后，槽净宽 D_0 不宜小于 30cm，以便于植物生长、动物栖息。临水侧墙面坡比以 1∶0.4～1∶0.6 为宜，若坡度过缓，虽可方便地布置种植槽，但将增大挡墙断面；若坡度过陡，虽可缩小挡墙断面，但相邻槽距过大，植绿后生态效果不理想。有条件时，尽量采用仰斜式挡墙，则可大大减小断面尺寸，降低工程造价。

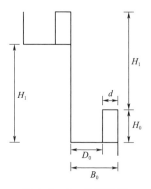

图 4.2-3　单元种植槽示意图

阶梯式生态挡墙混凝土浇筑完毕达到设计强度后，在阶梯外沿砌筑槽壁。沿水流方向，每隔 3～5m，在槽内设置一道隔墙，形成单元种植槽，以增加砌体槽壁抗水流冲刷性能。为方便植物生长，槽壁高度 H_0 一般可取 40～50cm。由于砌体槽壁结构强度远低于整体浇筑的混凝土槽壁，槽壁厚度 d 是一个关键参数。若槽壁太薄，虽可节约本不宽裕的阶梯，但自身稳定性难以满足要求；若槽壁太厚，就必然要加大阶梯宽度，从而放缓挡墙外侧坡度，增大挡墙断面，否则种植槽净宽过窄，达不到植物健康生长的要求。由于受阶梯宽度、挡墙断面、挡墙面坡比及槽壁自身稳定性等诸多条件的限制，研究砌体槽壁厚度变化内在因素及尺寸优化是必要的。下面以一排单元种植槽壁作为研究对象，在平行水流方向上截取单位长度，分水下、水上两种工况来考察其受力情况。

对于处于水下的单元种植槽，受到河流的冲击力、静水压力、槽内土压力、槽壁自重力、落水人员活动荷载等的影响。其中，水流的冲击力对槽壁影响最大。种植槽壁所受的水流冲击压力 p 为

$$p = k \cdot \gamma_w \cdot \frac{v^2}{g} \cdot \frac{1-\cos\theta}{\sin\theta} \tag{4.2-2}$$

式中：p 为种植槽壁受水流冲击压力；k 为绕流系数，0.7～1.0，一般取 1.0；γ_w 为水的容重；g 为重力加速度；θ 为水流冲击方向与挡墙种植槽的夹角；v 为靠近挡墙种植槽壁处的水流断面平均流速，可按压缩断面的平均流速考虑，也可近似取种植槽河道水流的平均流速。

沿挡墙纵向取单位宽度，则种植槽壁相当于悬臂梁，而两侧静水压力相互抵消（图 4.2-4），则种植槽壁基座处 AB 截面的弯矩 M 为

$$M = \frac{1}{2}pH_0^2 - \frac{1}{6}\gamma_t' K_a H_0^3 \tag{4.2-3}$$

式中：H_0 为种植槽壁高度；K_a 为种植槽内填土的主动土压力系数，$K_a = \tan^2(45° - \varphi/2)$，$\varphi$ 为填土内摩擦角；γ_t' 为土体的浮容重。

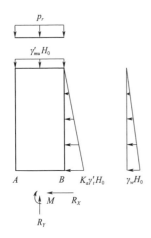

图 4.2-4 水下种植
槽受力图

由于砖砌体抗拉强度较低，且水流冲击压力远大于槽内土压力，图 4.2-4 中最危险点处的拉应力位于种植槽壁基座处外缘 A 点，则 A 点拉应力 $\sigma_{A\max}$ 为

$$\sigma_{A\max} = \frac{M}{W_z} - \gamma'_{mu}H_0 - p_r \leqslant [\sigma] \qquad (4.2-4)$$

$$W_z = \frac{1}{6}d^2B \qquad (4.2-5)$$

式中：W_z 为抗弯截面模量；B 为单位长度，取值为 1；γ'_{mu} 为种植槽壁砖砌体的浮容重；p_r 为人员活荷载；d 为种植槽壁砖砌体厚度；$[\sigma]$ 为砖砌体沿齿缝弯曲抗拉的允许拉应力。

联立式 (4.2-2)～式 (4.2-5)，则种植槽壁砖砌体最小厚度 d_1 为

$$d_1 = \sqrt{\frac{3k\gamma_w v^2 \cdot \tan\dfrac{\theta}{2} - \gamma'_t K_a H_0 g}{([\sigma] + \gamma'_{mu}H_0 + p_r)g}} \cdot H_0 \qquad (4.2-6)$$

对于处于水上的单元种植槽，此时临水侧没有水流压力与静水压力。最不利的情况是，河水位下降期种植槽内土体饱和。由于槽底设有排水孔，可及时排出槽内水体，渗透力可忽略不计。

种植槽壁最危险点位于图 4.2-5 中的 B 点。此时，种植槽壁基座处 AB 截面的弯矩 M 为

$$M = \frac{1}{6}\gamma'_t K_a H_0^3 + \frac{1}{6}\gamma_w H_0^3 \qquad (4.2-7)$$

式 (4.2-4) 改写为

$$\sigma_{B\max} = \frac{M}{W_z} - \gamma_{mu}H_0 - p_r \leqslant [\sigma] \qquad (4.2-8)$$

式中：γ_{mu} 为种植槽壁砖砌体天然容重。

图 4.2-5 水上种植
槽受力图

联立式 (4.2-4)、式 (4.2-7)、式 (4.2-8)，则水上单元种植槽壁砖砌体最小厚度 d_2 为

$$d_2 = \sqrt{\frac{\gamma'_t K_a H_0 + \gamma_w H_0}{[\sigma] + \gamma_{mu}H_0 + p_r}} \cdot H_0 \qquad (4.2-9)$$

式 (4.2-6)、式 (4.2-9) 的较大值即为单元种植槽壁的最小厚度。

考察式 (4.2-6) 与式 (4.2-9) 可知，分母中 $[\sigma] \gg \gamma'_{mu}H_0 + p_r$，

$[\sigma] \gg \gamma_{mu} H_0 + p_r$，后面两项可忽略不计，因此，槽壁高度 H_0 越大，需要的槽壁 d 就越厚，槽壁厚度 d 与阶梯宽度 B_0 无关，也与墙面坡度无关，这与直观结论是一致的。

从式（4.2-6）可知，对于水下种植槽，水流与挡墙壁夹角 θ 越大，速度 v 越大，需要的槽壁 d 就越厚。当河道顺直，夹角为 0 时，根号内出现负值，则相当于水上受力情况，危险点由 A 点向 B 点转移。同理，当水流速 v 减小到某一数值时，即 $v \leqslant \sqrt{\gamma'_t K_a H_0 g \tan^{-1} \dfrac{\theta}{2} / (3k \gamma_w)}$ 时，d_1 将减小到为 0，甚至负值。因此，式（4.2-6）应改为

$$d_1 = \sqrt{\frac{3k\gamma_w v^2 \cdot \tan \dfrac{\theta}{2} - \gamma'_t K_a H_0 g}{([\sigma] + \gamma'_{mu} H_0 + p_r)g}} \cdot H_0 \qquad (4.2-10)$$

砌体弯曲抗拉强度 $[\sigma]$ 对槽壁厚度 d 影响较大，而砌体弯曲抗拉强度与砌块类型、砌块强度、砂浆黏结强度、砌筑方式、施工质量关系密切。凝土多孔砖砌体的弯曲抗拉强度试验平均值低于黏土实心砖砌体的弯曲抗拉强度平均值，但高于混凝土空心砌块砌体。此外，还可考虑添加外加剂来提高砂浆黏结强度，进而提高 $[\sigma]$ 的取值，以减少槽壁厚度，增加种植槽净宽。

4.2.3　植绿生态挡墙槽壁尺寸

按前述设计方法，可计算得到一组较为实用的种植槽设计数据（表 4.2-1）。

表 4.2-1　　　　　　　一组较为实用的种植槽设计数据

施　工　方　法	槽净宽 /cm	槽壁高 /cm	槽壁厚 /cm	相邻槽距 /cm	墙面综合坡比	墙背型式
种植槽与墙身混凝土同步浇筑	30	40	10	80	1：0.5	直立式仰斜式
先阶梯后砌体槽壁（浆砌砖）（推荐）	30（阶梯宽 45cm）	40	15	90	1：0.5	直立式仰斜式

注　先阶梯后砌体槽壁施工时，15cm 砌体槽壁工程造价仅相当于厚 10cm 混凝土槽壁的一半，既方便施工、造价低廉，又满足强度要求，推荐采用。

4.2.4　植绿生态挡墙造价对比

植绿生态挡墙在传统常用挡墙基础上改进，理论成熟，实践丰富。具有效益显著，性价比高的特点。以墙高 5.65m、顶宽 1.0m、底宽 5.335m 的混凝土挡墙为例（图 4.2-1），取纵向长度 1m 计算，各项比较详见表 4.2-2。

表 4.2 - 2 传统混凝土挡墙与植绿生态挡墙比较表

挡墙类型	模板 /m²	混凝土 /m³	造价/元	备 注
传统混凝土挡墙	14.267	14.465	7945.85	1. 钢模板按 50 元/m² 计;混凝土按 500 元/m³ 计。
植绿生态挡墙	16.154	14.468	8041.70	2. 相当于每方混凝土仅增加 6.63 元
绝对增量比较	1.887	0.002	95.85	

根据以上计算结果植绿生态挡墙的造价相比传统常用挡墙基本没有增加,但极大地提高了传统挡墙的生态性和景观效果,效益非常显著。

4.2.5 植绿生态挡墙稳定性分析

根据《水工挡土墙设计规范》(SL 379—2007)及《堤防工程设计规范》(GB 50286—2013),主要计算植绿生态挡墙基底应力、抗滑稳定、抗倾覆稳定性、地基整体稳定、地基沉降变形、冲刷深度等。

(1)植绿生态挡墙基底应力按式(4.2 - 11)计算:

$$P_{\max,\min} = \frac{\sum G}{A} \pm \frac{\sum M}{W} \tag{4.2-11}$$

式中:$P_{\max,\min}$ 为挡墙基底应力的最大值或最小值;$\sum G$ 为作用在挡墙上全部垂直于水平面的荷载;$\sum M$ 为作用在挡墙上的全部荷载对于水平面平行前墙墙面方向形心轴的力矩之和;A 为挡墙基底面的面积;W 为挡墙基底对于基底面平行前墙墙面方向形心轴的截面矩。

(2)土质地基上植绿生态挡墙沿基底面的抗滑稳定安全系数,按式(4.2 - 12)或式(4.2 - 13)计算:

$$K_c = f \frac{\sum G \cos\alpha + \sum H \sin\alpha}{\sum H \cos\alpha - \sum G \sin\alpha} \tag{4.2-12}$$

$$K_c = \frac{\tan\varphi_0 (\sum G \cos\alpha + \sum H \sin\alpha) + c_0 A}{\sum H \cos\alpha - \sum G \sin\alpha} \tag{4.2-13}$$

式中:K_c 为挡墙沿基底面的抗滑稳定安全系数;f 为挡墙基底面与地基之间的摩擦系数;φ_0 为挡墙基底面与土质地基之间的摩擦角;c_0 为挡墙基底面与土质地基之间的黏结力;α 为基底面与水平面的夹角。

(3)岩石地基上植绿生态挡墙沿基底面的抗滑稳定安全系数,按式(4.2 - 14)计算:

$$K_c = \frac{f'(\sum G \cos\alpha + \sum H \sin\alpha) + c'A}{\sum H \cos\alpha - \sum G \sin\alpha} \tag{4.2-14}$$

式中:f' 为挡墙基底面与岩石地基之间的抗剪断摩擦系数;c' 为挡墙基底面与岩石地基之间的抗剪断黏结力。

（4）植绿生态挡墙抗倾覆稳定计算按式（4.2-15）计算：

$$K_0 = \sum M_V / \sum M_H \qquad (4.2-15)$$

（5）土质地基上植绿生态挡墙的地基整体抗滑稳定，由于挡墙底板以下的土质地基和墙后回填土两个部分连在一起，其稳定计算的边界条件比较复杂，一般属于深层抗滑稳定问题。因此，可采用瑞典圆弧法进行计算。当土质地基持力层内夹有软弱土层时，还应采用折线滑动法（复合圆弧滑动法）对软弱土层进行整体抗滑稳定验算。

（6）土质地基沉降可只计算最终沉降量，并考虑相邻结构的影响，按式（4.2-16）计算：

$$S_\infty = m_s \sum_{i=1}^{n} \frac{e_{1i} - e_{2i}}{1 + e_{1i}} h_i \qquad (4.2-16)$$

式中：S_∞ 为最终地基沉降量；n 为地基压缩层计算深度范围内的土层数；e_{1i} 为基底面以下第 i 层土在平均自重应力作用下，由压缩曲线查得的相应孔隙比；e_{2i} 为基底面以下第 i 层土在平均自重应力加平均附加应力作用下，由压缩曲线查得的相应孔隙比；h_i 为基底面以下第 i 层土的厚度；m_s 为地基沉降量修正系数，可采用 1.0~1.6（坚实地基取较小值，软土地基取较大值）。

（7）冲刷深度计算。冲刷深度用以确定植绿生态挡墙基础埋深，许多挡墙失事起因于冲刷深度不足，基础被冲刷、淘空造成的，冲刷深度包括一般冲刷和局部冲刷的叠加，按式（4.2-17）~式（4.2-19）计算：

$$h_s = H_0 \left[\left(\frac{u_{cp}}{u_c} \right)^n - 1 \right] \qquad (4.2-17)$$

$$u_{cp} = u \frac{2\eta}{1 + \eta} \qquad (4.2-18)$$

$$u_c = \left(\frac{H_0}{d_{50}} \right)^{0.14} \sqrt{17.6 \frac{\gamma_s - \gamma}{\gamma} d_{50} + 0.000000605 \frac{10 + H_0}{d_{50}^{0.72}}} \qquad (4.2-19)$$

式中：h_s 为局部冲刷深度，m；H_0 为冲刷处深度，m；u_{cp} 为近岸垂直线平均流速，m/s；u_c 为泥沙起动流速，m/s；u 为行近流速，m/s；d_{50} 为床沙的中值粒径，m；γ_s、γ 为泥沙与水的容重，kN/m³；η 为水流流速不均匀系数；n 为与防护岸坡在平面上的形状有关，$n = 1/4 \sim 1/6$。

4.3 既有挡墙生态改造技术

4.3.1 河道直立硬质挡墙改造原则

（1）安全性原则。安全是河道护岸建设的首要目标。安全的内涵既有保护河岸上的居民生命和财产及各类公共设施免受洪水威胁的防洪安全，也包括护岸本身的稳定安全。对河道直立硬质挡墙的改造首先应符合安全性原则，不影响河道行洪，也不能影响挡墙自身的稳定。

（2）生态性原则。河道直立硬质挡墙改造的主要目的是在确保安全的前提下，最大限度恢复硬质河岸生态，同时改善河床生境，创造水生动物、植物生长空间，提高生物多样性，使河道恢复一定的生态功能，达到与周边整体生态相协调的目的。

（3）景观性原则。通过在河道直立硬质挡墙创造植物生长空间，应用不同植物的配置和布设美化河岸立面，形成河道景观生态廊道，满足人们对景观美感需求，丰富市民生活休闲需求，对旅游及文化资源的开发也具有重要的意义。

（4）可行性原则。河道直立硬质挡墙生态改造所采用的技术应具有施工难度较低、材料易获取及造价较低的特点。依据现状评价成果及周边环境情况，提出的改造方案应科学合理、切实可行。

4.3.2　河道直立硬质挡墙生态改造技术

4.3.2.1　锚固支承式方案

该方案采取先将支承架锚固于墙面，再将种植槽置于支承架上的方式。首先将开有卡座支承架锚固于挡墙上，将在苗圃实行批量化生产的种植槽运至现场，整体吊装固定在支承架卡座上。种植槽植物的浇灌可以直接喷灌方式，有条件的地区可以铺设滴管管道，以雨水或河水为来源，发展以太阳能为动力的绿色自动浇灌模式。在植物配置方面，应结合生态和景观需求，每层植物根据需求选择观花类植物或观叶类植物。后续维护时可以根据需要对种植槽及其植物进行整体更换。这种改造方式对河岸立面破坏小，且结构简单，具有施工难度小、后期维护方便、改造成本低等优点，且可以迅速提升城市河岸生态和景观属性，达到恢复和提高河道生态和景观活力的目的。图4.3-1和图4.3-2分别为河道直立挡墙锚固支承式生态化改造方案示意图和实景图。

4.3.2.2　锚固模块式方案

上述改造方案需首先安装支承架，再种植植物，而且植物容易受上方种植槽阻挡，生长空间不足。为此，提出一种新型的城市河道直立挡墙改造技术，该改造技术是基于现有壁挂式种植袋的结构特点进行开发的模块化改造技术，该技术在以下方面需进行优化：

（1）简化支承结构，采用挂于墙顶的骨架型式，墙顶为主要受力区，减

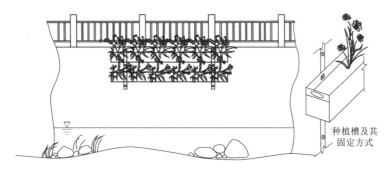

图 4.3-1 河道直立挡墙锚固支承式生态化改造方案示意图

图 4.3-2 河道直立挡墙锚固支承式生态化改造方案实景图

少在墙面上打孔，优化受力方式，降低对原有挡墙的破坏，节省骨架材料，工程量更少，施工周期更短。

（2）结合板槽式和铺贴式的结构优点，利用该模块化种植槽，可在苗圃集中种植植物，整体运输到现场安装，大大降低施工难度，可以快速施工，而且降低了现场种植植物的维护工作。

（3）针对河道环境恶劣的特点，按照地区情况可以采用寿命长的不锈钢或工程塑料制作种植槽体。

上述锚固模块式生态化改造方案是一套完整的生态绿化体系，由支承系统、灌溉系统、栽培介质系统、植物材料等共同组成一个轻质栽培系统。技术的创新使植物的选择面更广，创造更为丰富的生态绿化效果，扩宽了河道挡墙绿化的应用范围。图 4.3-3 为锚固模块式生态化改造方案示意图。

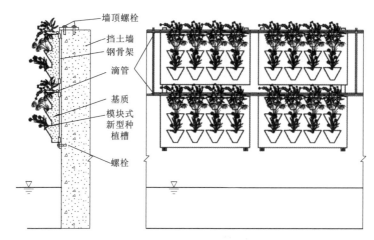

图 4.3-3 锚固模块式生态化改造方案示意图

4.3.3 锚固安全设计

开展挡墙生态化锚固式改造之前，应首先进行锚固安全设计。以锚固支承式方案为例说明锚固设计的方法和具体步骤。首先制作植绿设施，即植物种植槽，种植槽宜采用高强度薄壁结构的轻质材料，宽 30cm 左右、深 40cm 左右，能够满足所种植植物生长的空间需求。种植槽可固定在锚固于挡墙面的支承架上，也可直接锚固于挡墙面。锚固设计需满足自重、抗风荷载、抗水流冲刷、抗飘浮物撞击、落水人员攀爬的要求，合理选用锚固形式，确保锚固安全。一般采用机械锚栓固定即可满足要求，可参照《混凝土结构后锚固技术规程》(JGJ 145—2013) 进行计算，确定机械式膨胀螺栓选型。

4.3.3.1 河道挡墙生态化改造锚栓及基材破坏模式分析

1. 膨胀型锚栓破坏

由于河道挡墙生态化改造是在挡墙表面固定种植槽，锚栓仅受剪力作用，锚栓钢材的破坏模式为剪坏。如图 4.3-4 所示。

2. 基材破坏

在锚栓仅受剪力情况下，混凝土基材的破坏分为以下几种形式。

（1）剪撬破坏，指中心受剪时基材混凝土沿反方向被锚栓撬坏。

（2）劈裂破坏，指基材混凝土因锚栓膨胀挤压力而沿锚栓轴线或若干锚栓轴线连线的开

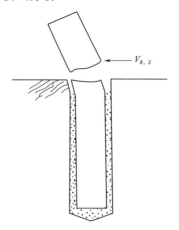

图 4.3-4 锚栓剪坏示意图

裂破坏形式。

（3）边缘破坏，指基材边缘受剪时形成以锚栓轴为顶点的混凝土楔形体破坏形式。

由于河道挡墙坡度较小，面积大，且厚度也较大，锚固的位置由于布置的原因一般不会导致劈裂破坏、边缘破坏，故不考虑这些破坏形式。仅考虑螺栓钢材的剪坏和混凝土基材的剪撬破坏。

4.3.3.2 锚固设计分析计算

具体计算流程如图 4.3-5 所示。

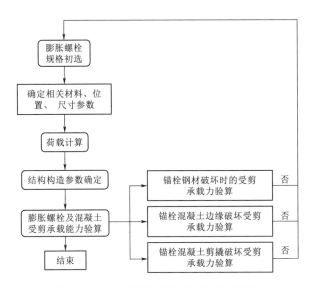

图 4.3-5 锚固设计螺栓选型计算流程图

1. 确定膨胀螺栓规格及性能参数

机械锚栓是指利用锚栓与锚孔之间的摩擦作用或锁键作用形成锚固的锚栓。按照其工作原理可分为两类：膨胀型锚栓和扩底型锚栓。本书采用膨胀型锚栓。膨胀型锚栓是指利用膨胀件挤压锚孔孔壁形成锚固作用的锚栓，其中扭矩控制式膨胀型锚栓如图 4.3-6 所示。

膨胀型锚栓的材质有碳素钢、合金钢、不锈钢或高抗腐钢，应根据环境条件及耐久性要求选用。根据《混凝土结构后锚固技术规程》（JGJ 145—2013）规定，膨胀螺栓杆体力学性能见表 4.3-1。

选用双套管型膨胀螺栓（STG），按照《混凝土用膨胀型锚栓 型式与尺寸》（GB/T 22795—2008），其结构型式如图 4.3-7 所示，型号和尺寸见表 4.3-2。

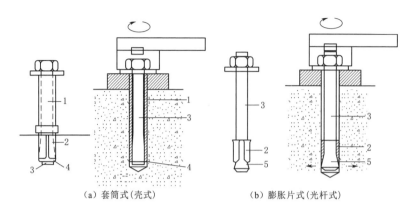

图 4.3-6　扭矩控制式膨胀型锚栓示意

1—套筒；2—膨胀卡；3—螺杆；4—内螺纹活动锥；5—膨胀锥头

表 4.3-1　　　　　　　　　　膨胀螺栓杆体力学性能

材　料　类　型		性能等级	螺纹直径/mm	极限抗拉强度标准值 f_{stk}/(N/mm²)	屈服强度标准值 f_{yk}/(N/mm²)
奥氏体 不锈钢	SS304L	50	≤39	500	210
	SS304	70	≤24	700	450
	SS316	80	≤24	800	600
碳素钢及 合金钢		3.6		300	180
		4.6		400	240
		4.8		400	320
		5.6		500	300
		5.8		500	400
		6.8		600	480
		8.8		800	640

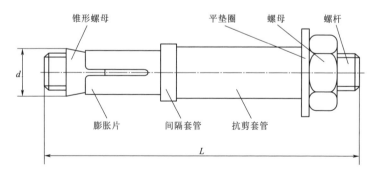

图 4.3-7　双套管型膨胀螺栓结构示意图

表 4.3-2 双套管型膨胀螺栓型号及尺寸图

型号	螺栓计算直径 d/mm	螺栓公称直径 d/mm	螺栓公称长度 L/mm
M6	6	12	85、100、125
M8	8	12	90、105、120、130
M10	10	15	100、110、115、125、135、150
M12	12	18	120、135、140、160、165
M16	16	24	150、165、170、190
M20	20	28	150、165、170、190
M24	24	32	170、190、200、230

2. 基材要求

由于河道挡土墙绿化改造，按照锚固连接破坏后的严重程度，锚固连接安全等级设为二级，对应的锚固连接重要性系数 γ_0 为 1.1。基材混凝土强度等级不应低于 C20。对于既有河道混凝土挡墙，基材混凝土立方体抗压强度标准值宜采用检测结果推定的标准值，当原设计及验收文件有效，且结构无严重的性能退化时，才能采用原设计的标准值。对于冻融、腐蚀受损、严重裂损的河道挡墙混凝土，及不密实的河道挡墙混凝土等，不应作为锚固基材，需除去受损和不密实部分混凝土，加固后才能进行改造。

抗震锚固连接膨胀型锚栓的最小有效锚固相对深度宜满足表 4.3-3 的规定。

表 4.3-3 锚栓最小有效锚固相对深度

设 防 烈 度	$h_{ef,min}/d$
Ⅵ	5
Ⅶ	6
Ⅷ	7

河道挡墙混凝土需要最小的厚度 h，h 不应小于 $2h_{ef}$，且 h 应大于 100mm，h_{ef} 为螺栓的有效埋置深度，对于膨胀型锚栓，为膨胀锥体与孔壁最大挤压点的深度。而锚栓最小有效锚固深度 $h_{ef,min} = d \times h_{ef,min}/d$。

3. 连接板位置及尺寸参数

单个连接板螺栓数量 n 取 1 个。河道挡墙改造中单个螺栓的位置一般不靠近挡墙边缘，无间距、边距影响，其影响面积如图 4.3-8 所示。

图 4.3-8 中的 B_1、B_2 即为螺栓连接板的长和宽。为简便考虑，可以取 $B_1 = B_2$。

4. 荷载计算

河道挡墙生态化改造采用锚固种植槽的方式进行绿化，建立生态化景观。

固定荷载由种植槽、基质、植物、支撑架组成，还需考虑到落水攀爬人员或维护人员的重量，作为活荷载。锚固螺栓的受力如图 4.3 - 9 所示。

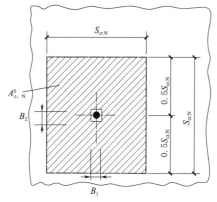

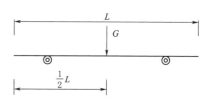

图 4.3 - 8　单个螺栓影响的面积示意图　　图 4.3 - 9　锚固螺栓的受力示意图

单个膨胀螺栓所受剪力 $V = \dfrac{1}{2}G$，则单个螺栓设计荷载——剪力设计值 $V_{SD} = \dfrac{1}{2}G$。

5. 膨胀螺栓及混凝土受剪承载能力验算

按照极限状态设计方法，采用锚固承载力分项系数的设计表达式进行验算。

(1) 锚栓钢材破坏时的受剪承载力验算。螺栓与连接件及混凝土表面不存在杠杆臂，是紧密接触的。按照纯剪状态计算，螺栓破坏时受剪承载力标准值 $V_{RK,s}$ 计算公式如下：

$$V_{RK,s} = 0.5 f_{yk} \times A_s \qquad (4.3-1)$$

式中：$V_{RK,s}$ 为螺栓破坏时受剪承载力标准值，kN；f_{yk} 为螺栓杆体材料屈服强度标准值，N/mm²；A_s 为螺杆计算面积，mm²。

螺栓破坏时受剪承载力设计值 $V_{Rd,s}$，计算公式如下：

$$V_{Rd,s} = V_{Rk,s} / r_{Rs,V} \qquad (4.3-2)$$

式中：$V_{Rd,s}$ 为螺栓破坏时受剪承载力设计值，kN；$r_{Rs,V}$ 为螺栓破坏时受剪承载力设计值分项系数，结构构件 $r_{Rs,V}$ 取 1.3，非结构构件 $r_{Rs,V}$ 取 1.2。

按照锚固连接破坏后果的严重程度，挡墙混凝土上生态化改造锚固连接设计应按表 4.3 - 4 的规定确定相应的安全等级，且不应低于被连接结构的安全等级。

表 4.3 - 4 锚 固 安 全 连 接 等 级

安 全 等 级	破 坏 后 果	锚 固 类 型
一级	很严重	重要的锚固
二级	严重	一般的锚固

经安全性及地震荷载系数调整之后螺栓破坏时受剪承载力设计值 $V_{Rd,s} = V_{Rd,s}/(\gamma_0 \times \gamma_{RE})$，其中 γ_0 为锚固连接重要性系数，按照锚固连接的安全等级进行取值，对一级、二级锚固安全等级，应分别取不小于 1.2、1.1，且不应小于被连接结构的重要性系数；对地震设计状况应取 1.0；γ_{RE} 为锚固承载力抗震调整系数，取 1.0。

最后判断 V_{SD} 是否小于 $V_{Rd,s}$，即锚栓的剪力设计值小于螺栓破坏时受剪承载力设计值，才能满足安全要求。

（2）锚栓混凝土剪撬破坏受剪承载力验算。混凝土剪撬破坏受剪承载力设计值 $V_{Rd,c}$。应按下列公式计算：

$$V_{Rd,cp} = V_{Rk,cp}/\gamma_{Rcp} \qquad (4.3-3)$$

$$V_{Rk,cp} = kN_{Rk,C} \qquad (4.3-4)$$

式中：$V_{Rk,cp}$ 为混凝土剪撬破坏受剪承载力标准值，kN；γ_{Rcp} 为混凝土剪撬破坏受剪承载力分项系数，结构构件取 2.5，非结构构件取 1.5；k 为锚固深度 h_{ef} 对 $V_{Rk,cp}$ 的影响系数，当 $h_{ef} < 60mm$ 时，k 取为 1.0，当 h_{ef} 不小于 60mm 时，k 取为 2.0；$N_{Rk,C}$ 为混凝土锥体破坏受拉承载力标准值，kN。

$N_{Rk,C}$ 的计算公式如下：

$$N_{Rk,C} = N^0_{Rk,C} \frac{A_{c,N}}{A^0_{c,N}} \psi_{s,N} \psi_{re,N} \psi_{ec,N} \qquad (4.3-5)$$

按开裂混凝土考虑，对于开裂混凝土：

$$N^0_{Rk,C} = 7.0 \sqrt{f_{cu,k}} h_{ef}^{1.5} \qquad (4.3-6)$$

式中：$N^0_{Rk,C}$ 为单根锚栓受拉时，混凝土理想锥体破坏受拉承载力标准值，N；$f_{cu,k}$ 为混凝土立方体抗压强度标准值，N/mm²，$f_{cu,k}$ 不小于 45N/mm² 且不大于 60N/mm² 时，应乘以降低系数 0.9；$A^0_{c,N}$ 为单根锚栓受拉且无间距、边距影响时，混凝土理想锥体破坏投影面面积，mm²，$A^0_{c,N} = s^2_{cr,N}$，$s_{cr,N}$ 为混凝土锥体破坏且无间距效应和边缘效应情况下，每根锚栓达到受拉承载力标准值的临界间距（mm），应取为 $3h_{ef}$；$A_{c,N}$ 为单根锚栓或群锚受拉时，混凝土实际锥体破坏投影面面积，mm²；$\psi_{s,N}$ 为边距 C 对受拉承载力的影响系数；$\psi_{re,N}$ 为表层混凝土因密集配筋的剥离作用对受拉承载力的影响系数；$\psi_{ec,N}$ 为荷载偏心 e_N 对受拉承载力的影响系数。

判断 V_{SD} 是否小于 $V_{Rd,cp}$，锚栓的剪力设计值小于混凝土剪撬破坏时受剪承载力设计值，才能满足安全要求。

4.4　升降式植绿改造技术

4.4.1　手动升降式改造方案

　　上述 4.3 节中提出的河道直立挡墙生态改造技术，在挡墙面上设置支承骨架，再放置植物种植槽。在遇到超标准洪水和更换植物需提起或放下时，均需要用起吊工具，不利于管理和维护。为此，针对锚固式方案进行了优化设计，开发了一种机械结构，使植物挂篮可以自动升降，大大节省人力，同时提高了提升的效率。

　　经过升降结构优化后的河岸挡墙立面的装配式生态景观装置如图 4.4-1所示。除锚固式所列优点外，经过结构优化设计后，升降方案借鉴类似折叠防盗门的伸缩机械结构，并与螺杆的共同作用，设计了通过摇动螺杆就可以实现种植槽升降的城市直立挡墙生态改造装置，可根据挡墙的高度增减固定柱的长度及放置板的层数。在洪水来临时或需要维护植物时，可以通过螺纹机构控制调节放置板位置快速提起或布设盆栽植物，可方便地对整个装置和

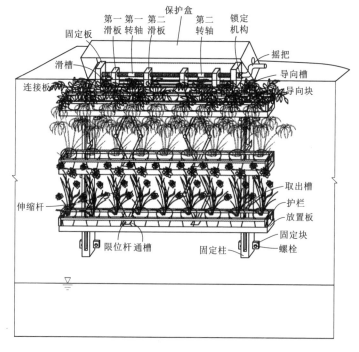

图 4.4-1　可升降的河岸挡墙立面生态景观装置

所种植的植物进行管理和维护。

1. 工作原理

升降方案包括两根固定柱，固定柱安装在河岸挡墙上，固定柱顶部间安装连接板，连接板两端安装固定板，固定板上分别套接第一转轴和第二转轴一端，第一转轴另一端连接第二转轴另一端，第二转轴一端贯穿固定板并连接摇把，第一转轴和第二转轴两侧分别通过螺纹结构套接第一滑板和第二滑板，第一滑板和第二滑板底部安装伸缩杆，伸缩杆上安装限位杆，固定柱上滑动卡接放置板，放置板紧密压在限位杆上。转动摇把，第一转轴和第二转轴转动，第一滑板和第二滑板靠近或远离，伸缩杆长度改变，则限位杆间距改变，将景观植物盆栽放在放置板上，放置板沿固定柱滑动并压在限位杆上，摇动摇把，使放置板快速升降，从顶部依次取出，从而在顶部方便对放置板上的盆栽进行更换。

2. 操作方法

通过滑动套和固定环间的棘齿啮合与分离来控制锁定机构的锁死与打开，从而控制摇把转动，操作简便；第一滑板和第二滑板与第一转轴和第二转轴连接的螺纹机构螺旋方向相反，螺距相同，摇把带动第一转轴和第二转轴转动时，第一滑板和第二滑板相互靠近或远离，则第一连杆间夹角减小或增大，从使第一连杆交叉铰接点间距变大或减小，使得限位杆带动放置板上升、下降，便于调节放置板位置或快速更换放置板上的盆栽植物；通槽的宽度略大于相邻且靠近连接板的限位杆的直径，使得远离连接板的放置板上的通槽能够通过靠近连接板处的限位杆，使得放置板能够顺利下放并固定在对应位置的限位杆上；导向块和导向槽为相配合的 T 形结构，从而对放置板进行导向和限位，放置板顶面固定安装护栏，护栏上可用活动挂钩，也可单独采用人工将放置板完全拉起拆下，进行更换。

3. 安装步骤

（1）把带导槽的 2 根固定柱安装好固定块，把固定块通过螺栓固定安装在河岸直立式挡墙面上。

（2）固定柱顶部安装了连接板和固定板。固定板上分别转动套接 2 个转轴，转轴一端贯穿固定板并固定连接摇把，摇把与固定板间安装有止动机构。转轴两侧分别通过螺纹结构转动套接滑板，滑板滑动卡接在连接板的滑槽内。

（3）滑板底部安装伸缩杆，伸缩杆贯穿连接板并安装限位杆，固定柱上滑动卡接放置板，放置板紧密压在限位杆上。再根据景观布局要求，把植物连盆放置于放置板上。

4.4.2　自动升降式改造方案

以上所述的手动升降改造方案可以通过手动升降种植槽，实现植物更换，洪水来临时可以手动操作提起。但机械连杆结构较为复杂，造价比较高，施工难度较大，需手动控制，还需专门敷设浇灌管道。因此，需对其进行优化，在结构简化的同时，使其能根据河道水位自动升降，并且具备免浇灌功能，如图 4.4 - 2 所示。

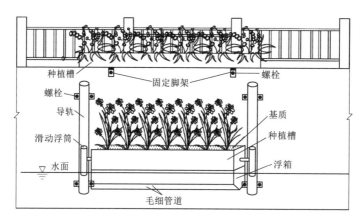

图 4.4 - 2　自动升降河道直立挡墙生态改造示意图

1. 主要原理

该方案包括具有临水面的墙体、种植槽和安装于所述临水面的引导件，种植槽包括槽体和安装于所述槽体的浮动件，所述槽体具有用于放置植物的容纳腔和连通所述容纳腔的进水通道，所述浮动件与所述引导件连接。其有益效果在于：浮动件与槽体连接，槽体能够通过浮动件浮于水面上，且浮动件与引导件连接，在槽体跟随浮动件浮动时，引导件能够限制浮动件的移动方向，使浮动件随水体上下自动浮动，使植物不受河道洪水涨落影响，并能防止浮动件随水体水面沿不同方向晃动，从而提高槽体通过浮动件浮于水面时的稳定性，槽体通过进水通道与水体保持接触，在避免植物根部受淹的同时也有利于与容纳腔连通的进水通道向植物供水，不需另外布设植物浇灌设施，以帮助植物生长。

2. 工作过程

固定于临水面的可浮动的种植槽，为植物的生长提供良好的空间，也为其他生物的栖息提供条件。

浮筒产生的浮力大小应根据种植槽的整体重量进行计算。在安装种植槽后，水面不超过种植槽的底部。

引导件的数量为 2 个，2 个引导件相对设置以形成间隔，浮动件的数量为 2 个，2 个浮动件分别安装于槽体的两侧，槽体设置于间隔，2 个浮动件分别与 2 个引导件相接。2 个浮动件分别与 2 个引导件相接，使水体对种植槽的浮力靠近于种植槽的重心，以提高种植槽浮动时的稳定性。引导件沿墙体的高度方向延伸，其与水体水位上涨与下降的方向相同，减少浮动件在引导件内浮动时与引导件之间的碰撞。引导件为引导通道，浮动件安装于引导通道内，在上下浮动时仅可以沿引导通道的延伸方向浮动。

槽体的下部采用 V 形结构。V 形结构可以提高种植槽在水体内的稳定性。水流流动时对 V 形结构的两侧产生方向相反的推力，这两个推力会使种植槽在浮动件的作用下，保持浮在水体上的状态。

在槽体的下部设置了进水通道。有利于进水通道与水流保持接触。水流经过进水通道进入容纳腔内，可以浇灌植物，帮助植物的生长。由于进水通道为毛细通道，毛细通道的直径小，水流经过毛细通道时会在毛细管力的作用下进入容纳腔，从而浇灌植物。同时，毛细管只能通过少量的水，可以在湿润植物的同时，避免植物的根部被淹。通过毛细管向植物提供生长所需的水分，无须另外架设浇灌管道和浇灌，从而降低后期维护成本。

容纳腔内铺设有基质层。基质层可以为容纳腔内的植物提供营养物质，帮助植物生长。容纳腔可以混合种植草本植物和木本植物，也可以种植观花种类与观叶种类结合的植物，以保证景观效果。所有花草，树木必须健康、新鲜、无病虫害、无缺乏矿物质症状，生长旺盛而不老化，树皮无人为损伤或虫害。

工作过程为浮动件在水体的水位上涨时，沿着引导件的延伸方向上升；在水体的水位下降时，沿着引导件的延伸方向下降。

本方案其可以选用喜湿热、耐水淹且观赏效果好的植物品种，如紫花翠芦莉、水生美人蕉等，保证生长效果及种植成本，从而加快场地的景观构架和生态恢复，突出地域特色。技术人员可以尽可能多地选用植物种类，以达到生态多样性要求。充分考虑物种的生态学特征，合理选配植物种类，形成结构合理、功能健全、种群稳定的复层群落结构。种植设计做到以人为本，营造适合人们在不同植物空间的心理感受。植物设计以审美为基础进行艺术配置，做到源于自然，高于自然。

3. 功能和优点

（1）与固定式进行组合，布置方式更加灵活。根据挡墙的情况，可以选择升降式，也可以根据挡墙的高度和固定式进行灵活组合。例如，挡墙较高的情况下，可以采用多层的固定式和自动升降式进行组合。

（2）结构更加简化，轻松实现自动升降。主要结构为 2 根开槽的导轨和置于其中的滑动浮筒，以及种植槽下方的借鉴船体能保持稳定的 V 形浮筒。通过这些简单的结构，即可随着水面涨落实现自动升降。浮筒大小应根据整个可动重量进行计算，水面不得超过种植槽底部。

（3）免浇灌，维护成本低。种植槽内浮箱下表面设置有毛细管直通到种植槽内，保持植物生长所需水分，无须另外架设浇灌管道和浇灌，以使后期维护成本降低。

（4）生态服务功能。提供空气净化、水体净化、水源涵养、生物栖息、生物多样性保护等生态服务。

（5）美化环境功能。不同花期的植物在不同区域特征的场地进行组合配置，营造花色丰富的宜人景观。

4.5 生态槽材质选择与优选

材料技术在我国社会经济中起着越来越重要的作用。特别是进入 20 世纪 80 年代以来，大批建立在最新科学成就基础上的高技术蓬勃发展，并迅速向现实生产力转化。在工程中推广应用新材料具有非常重要的现实意义。目前可行的生态槽的材质有粗通混凝土、钢材、活性粉末混凝土 RPC、工程塑料、复合材料等。

4.5.1 普通混凝土

混凝土材料的发展历史可以追溯到很古老的年代。早在数千年前，我国人民及古埃及人就用石灰与砂混合配制的砂浆砌筑房屋。1824 年英国工程师阿斯普丁发明了波特兰水泥，使混凝土胶凝材料发生了质的变化，大大提高了混凝土强度，改善了其工作性能（图 4.5-1）。

混凝土是土建工程中用途最广、用量最大的建筑材料之一。任何一个现代的建筑工程都离不开混凝土。据初步估计，目前全世界每年生产的混凝土材料超过 100 亿 t。它不仅广泛地应用于工业与民用建筑、水工建筑和城市建设，而且还可以制成轨枕、电杆、压力管、地下工程、宇宙空间站及海洋开发用的各种构筑物等。同时，它也是一系列大型现代化技术设施和国防工程不可缺少的材料。

根据预测，到 21 世纪以至更长的时期，混凝土材料仍将是主要的建筑材料。随着科学技术的发展，人类改造自然的能力和规模日益增大，混凝土材料的应用范围仍将进一步扩大。

混凝土材料之所以能不断发展，主要是由于具有下列优点：

（1）原材料丰富，能就地取材，生产成本低。

图 4.5-1　普通混凝土生态槽

（2）耐久性好，适用性强，无论水下、海洋以及炎热、寒冷的环境均可适用。

（3）耐火性好。

（4）具有良好的可塑性，且性能可以人为调节。

（5）维修工作量小，折旧费用低。

（6）作为基材，组合或复合其他材料的能力强（如钢筋混凝土、纤维增强混凝土、聚合物混凝土等）。

（7）可有效地利用工业废渣。

4.5.2　钢材

钢材是主要的建筑材料，由钢锭、钢坯或钢材通过压力加工制成的一定形状、尺寸和性能的材料。大部分钢材加工都是通过压力加工，使被加工的钢（坯、锭等）产生塑性变形。根据钢材加工温度不同，可以分为冷加工和热加工两种。钢材的主要优点如下。

（1）强度高。表现为抗拉、抗压、抗弯及抗剪强度都很高。在建筑中可作为各种构件和零部件使用。在钢筋混凝土中，能弥补混凝土抗拉、抗弯、抗剪和抗裂性能较低的缺点。

（2）塑性和韧性较好。建筑钢材在常温下能承受较大的塑性变形，可以进行冷弯、冷拉、冷拔、冷轧、冷冲压等各种冷加工。钢材的韧性高，能经受住冲击作用。

（3）可以焊接或铆接，方便装配；能进行切削、热轧和锻造；通过热处理方法，可在相当大的程度上改变或控制钢材的性能。

钢材生态槽主要优点是槽壁很薄，占地面积小（图 4.5 - 2）。主要缺点是易生锈、防火性能较差、维护费用高、能耗及成本较高。

图 4.5 - 2 钢板生态槽

4.5.3 活性粉末混凝土 RPC

1993 年，法国 Bouygues 实验室以 Pierre Richard 为首的研究小组研制出一种超高强、高耐久性、高韧性及良好体积稳定性的新型水泥基复合材料，由于增加了组分的细度和反应活性，因此被称为活性粉末混凝土（reactive powder concrete，RPC）。根据《活性粉末混凝土》（GBT 31387—2015），活性粉末混凝土是以水泥和矿物掺合料等活性粉末材料、细骨料、外加剂、高强度微细钢纤维和/或有机合成纤维、水等原料生产的超高强增韧混凝土。

众所周知，混凝土一般是由粗骨料、细骨料和胶凝材料等混合而成的多相复合材料。研究表明，粗骨料与水泥石之间的过渡区是混凝土的薄弱环节，过渡区存在的应力集中、收缩应力和较低的黏结力，是影响混凝土受力性能及耐久性的主要原因。

RPC 不含粗骨料和普通砂，其配制原理正是以上述研究为基础，通过提高组分的细度和活性，最大限度地减少材料内部微裂缝和孔隙等缺陷，从而获得由其组分决定的而非粗骨料与水泥石之间过渡区决定的最大承载力，并获得良好的耐久性。

活性粉末混凝土的主要配制方法和原理有以下几个方面。

（1）提高基体的匀质性。在 RPC 中，剔除了混凝土中常用的粗骨料，粗骨料剔除后，骨料自身存在缺陷的概率减小，整个基体的缺陷也随之减小，

RPC 选用平均粒径为 $200\sim300\mu m$ 的石英砂或标准砂为骨料，有效地淡化了骨料与水泥浆体间的界面过渡区，提高了匀质性。

（2）优化颗粒级配以达到高密实度。为了进一步提高堆积密度，常在较大的单一粒径的颗粒间加入粒径较小的颗粒，先由粒径最大的颗粒堆积成相对最密填充状态，剩下的空隙依次由次大的颗粒填充，使得颗粒间的空隙减小，从而整体达到最大密实状态。

（3）凝固前和凝固过程中加压以排除多余气孔。提高混凝土密实度和抗压强度的一个有效的方法就是在新拌混凝土凝结前和凝结期间加压，这一措施有 3 个方面的好处：①加压可以消除或减少气孔；②在模板有一定渗透性时，加压数秒可以将多余水分自模板间隙排出；③如果在混凝土凝结期间始终保持一定的压力，可以消除由于材料的化学收缩引起的部分孔隙。

（4）通过凝固后热养护改善微结构。热养护可显著加速火山灰反应，火山灰质掺合料里含有的活性成分 SiO_2 或活性氧化铝等与 $Ca(OH)_2$ 反应即火山灰反应，同时可改善水化物形成的微结构，RPC 中的活性掺合料因含有 SiO_2，具有较强的火山灰活性，可与水泥的水化产物 $Ca(OH)_2$ 发生二次反应，增加水泥石中的 C—S—H 凝胶含量，降低孔隙率并改善孔结构。

（5）掺加微细钢纤维以提高韧性。未掺钢纤维的 RPC 应力-应变关系曲线上升段近似呈线弹性，断裂能（断裂能为裂纹扩展时，混凝土单位面积所消耗的表面能）低，为了进一步提高其韧性，掺入微细钢纤维。在受力初期，水泥基体与纤维共同承担外力但以水泥基体为主要承担者，随着应力增大基体发生开裂后，纤维约束裂缝的发展，直到纤维被拉断或纤维从基体中被拔出。

RPC 作为一种新型的高性能混凝土，具有很多优良的技术性能，例如，高强度、高韧性、高耐久性及良好的体积稳定性等，普通金属的断裂能为 $10kJ/m^2$，而 RPC 200 的断裂能达到 $15kJ/m^2$，其断裂性能已经可以和金属媲美；更为重要的是，由于活性粉末混凝土内部孔隙率很小，所以有着优良的耐久性，其抗氯离子渗透、抗碳化、抗腐蚀、抗渗、抗冻及耐磨等性能优于普通混凝土和高性能混凝土。

RPC 的优越性能使其在土木、石油、核电、市政、海洋等工程及军事设施中有着广阔的应用前景，将成为 21 世纪混凝土科学和工程技术发展的重要方向之一。

与普通混凝土相比，RPC 结构用于生态槽，可以更薄、更轻、更耐久、更生态；与钢材相比，不会生锈，维护成本更低；可以设计不同造型。

4.5.4 工程塑料

人类从远古时期开始就已经使用了如皮毛、棉花、蚕丝、纤维素、树脂、天然橡胶、木材等一些天然高分子材料，随着社会的发展，也相应地开发了天然高分子加工工艺。然而从第一个合成高分子材料酚醛树脂的工业化，以及对高分子材料从科学和工程意义上进行研究和被社会承认，距今不过百年，因此说高分子材料是一门古老而又年轻的领域。但是高分子材料的出现，却给塑料领域带来了重大变革。

20 世纪六七十年代之后，高分子合成业蓬勃发展，新的产物和新工艺层出不穷，合成了各种特性的塑料，如聚碳酸酯、聚砜、聚酰亚胺、氯化聚醚、聚吡咙、聚氨酯、环氧树脂、聚苯、聚甲醛、聚苯硫醚等；合成了液体橡胶、热塑性橡胶；合成了芳纶耐高温特种纤维、特种涂料、黏合剂、使高分子合成产品成为国民经济与日常生活不可或缺的材料。

20 世纪 70 年代以后是高分子材料迅速发展时期，1999 年全世界高分子材料的消耗量就已经达到了 1.8 亿 t，体积已经超过金属材料，成为材料领域之首。同时通过化学改性、物理改性等手段赋予材料新的性能，为新材料的开发提供了新的途径，如纳米增强技术、橡胶和塑料的机械共混、纤维增强的高分子复合材料等。人类更加重视环境友好，大力发展可持续战略，废弃高分子材料的回收利用，引起全人类的关注。

在国家的"十二五"新材料产业规划当中，"先进高分子材料"被列为新材料六大领域之一，其内容主要包括特种橡胶、工程塑料、其他功能性高分子材料。本书主要研究利用工程塑料制备生态种植槽。

塑料，专指以合成树脂或化学改性的高分子材料为主要成分，再加入填料、增塑剂和其他添加剂，在一定条件（温度、压力等）下可塑化成型，在常温下具有相当力学强度的材料和制品。其分子间次价力、模量和形变量等介于橡胶和纤维之间。

塑料是高分子材料最主要的品种之一，塑料具有柔韧性和刚性，而不具备橡胶的高弹性，一般也不具有纤维那种分子链的取向排列和晶相结构。塑料的主要优点如下：

（1）密度小，比强度高，可代替木材、水泥、砖瓦等大量应用于房屋建筑、装修、装饰及桥梁、道路工程等。各种塑料的密度大致为 $0.9\sim2.2\mathrm{kg/m^3}$，仅为钢铁的 1/4～1/8。例如，1t 尼龙从体积上讲可以代替大约 3.6t 铝、7.8t 不锈钢、9.8t 生铁和 10.2t 铜，质轻使塑料在交通运输、航空、航天等领域有很强的竞争力。

（2）耐化学腐蚀性优良，多数塑料的化学稳定性好，能耐酸、碱，耐油，耐污和其他腐蚀性物质，化学工业大量采用塑料管道和用塑料做储槽衬里。

（3）电绝缘性和隔热性好，大多数塑料的体积电阻率很高，可用作电工绝缘材料和电子绝缘材料，如制造电缆、印制线路板、集成电路、电容器薄膜等，也常用作绝热材料和其他阻隔（如隔声）材料。

（4）摩擦系数小，耐磨性好，有消声减震作用，可代替金属制造轴砥和齿轮。许多塑料的摩擦因数很低，可用作制造塑料轴承、轴瓦、塑料齿轮等机械工业所需的部件，且可用水作润滑剂。同时，有些塑料的摩擦因数较高、可用于配制制动装置的摩擦零件。

（5）与混凝土、金属材料相比，塑料制品的另一大优点是原料来源广，易加工成型，易于着色，采用不同的原料和不同的加工方法，可制得坚韧、刚硬、柔软、轻盈、透明的各种制品，可以方便地制成各种薄膜、管材、型材、造型复杂的配件及产品，而且能耗少、制造成本低、环境污染小，广泛用于日常生活和工业生产中。

（6）工程塑料能够长期作为结构材料承受机械应力，并能在较宽的温度范围内和较为苛刻的化学物理环境中。与通用塑料相比，工程塑料拥有更加优异的机械性能、电性能、耐化学性、耐热性、耐磨性、尺寸稳定性等优点，与金属材料相比则具有重量轻、便于复杂制品设计、成型时能耗小等优点。

采用工程塑料的生态槽具有质量轻、槽壁薄、预制方便的特点（图4.5-3）。

图4.5-3　工程塑料生态槽

4.5.5　复合材料

由于现代科学技术的发展对材料提出的要求越来越高，一种材料往往难以全面满足多方面的高要求，这就促成了复合材料的诞生。复合材料是现代科学技术发展的产物，它既是多种学科成果的综合，又与其他学科相互渗透、相辅相成、相互促进。

由于单一材料都存在各自的缺点，如金属不耐腐蚀，无机非金属材料易碎，高分子材料不耐高温。复合材料是由几种材料组合而成的一种新材料，它能将几种材料的优点集中于一身，互相补充，扬长避短，克服单一材料的缺点，同时具备各种"组元材料"的优点，因而显示出这一新型材料的极大的优越性，是普通单一材料难以与之相比的。目前，复合材料已与金属、高聚物、陶瓷并列为四大材料。

自然界的许多物质都可以看成是复合材料。竹子和木材是纤维素和木质素组成的复合物；动物的骨骼是由硬而脆的无机磷酸盐和软而韧的蛋白质骨胶复合而成的既强又韧的物质。人类也很早就仿效自然界，利用复合的原理，在生产和生活中创建了许多人工复合材料。例如，在泥浆中掺入麦秆，制成原始的建筑用复合材料；混凝土是由水泥、砂和石子组成的复合材料；轮胎是纤维和橡胶的复合材料。

复合材料一般是由基体材料（如树脂、金属或陶瓷）与增强体材料（如玻璃纤维、碳纤维、碳化硅纤维或颗粒、各种有机纤维等）复合而成。根据基体材料性质可以将其分为高聚物基复合材料、树脂基复合材料、金属基复合材料和陶瓷基复合材料。这些复合材料具有不易老化、重量轻、牢固、耐高温、抗辐射等优点。

目前，可应用于生态种植槽的复合材料主要是玻璃钢。玻璃钢是一种玻璃纤维增强塑料，是第二次世界大战中发展起来的第一代树脂复合材料。它是无机非金属材料与有机高分子材料相复合的产物。玻璃纤维材料耐火、耐腐蚀、易于清洗、不易变形。制造方法是把玻璃放入炉内加热熔化，使它从炉底的微孔中流出，拉成长丝，然后捻为较粗的股线。它是先用比头发还细的玻璃纤维纺织成玻璃丝布，再把这种布一层一层地放在热熔的树脂里加热压制成型。它强度高、韧性好、耐腐蚀、可用于制造舰艇和化工设备。

碳纤维复合材料是第二代复合材料即先进复合材料，以环氧树脂为基质制成的碳纤维增强塑料先进复合材料的代表，用来开发先进复合材料的新型增强纤维除了高强度、高模量碳纤维外，还有芳纶、硼纤维、碳化硅纤维、晶须、氧化铝纤维和陶瓷纤维等。图4.5-4所示为玻璃钢复合材料生态槽。

4.5.6　材质优选

根据工程实际的需要，种植槽可以在以上材料中进行选择，目前以工程塑料、混凝土、钢板材料应用较多（表4.5-1）。

图 4.5 - 4　玻璃钢复合材料生态槽

表 4.5 - 1　　　　　　　生 态 槽 材 质 优 选 表

材　质	优　势	劣　势
普通混凝土	原材料丰富，能就地取材，生产成本低，耐久性好、耐火性好，可预制，也可现场浇筑	重量较大，对锚固结构要求较高
钢材	槽壁很薄，占地面积小，易加工成型，方便使用	易生锈、防火性能较差、维护费用高、能耗及成本较高
活性粉末混凝土	与普通混凝土相比，RPC结构可以更薄、更轻、更耐久、更生态；与钢材相比，不会生锈，维护成本更低；更容易设计为不同造型	与普通混凝土相比，造价较高
工程塑料	通用塑料相比，工程塑料具有优异的机械性能、电性能、耐化学性、耐热性、耐磨性、尺寸稳定性等优点。与金属材料相比则具有重量轻、便于复杂制品设计、成型时能耗小等优点	需要制作型具，造价较高
复合材料	耐火、耐腐蚀、易于清洗、不易变形、高强度、高模量	需要制作型具，造价较高

第5章

岸坡雨水资源利用及植物
选择、种植和浇灌技术

5.1 概述

我国是世界人均水资源极少的 13 个国家之一，而且水资源分布极不平衡，局部地区水污染严重。2014 年，习近平总书记提出"节水优先、空间均衡、系统治理、两手发力"治水思路。节水优先是放在首位的，在这个指导方针之下，要大力发展节水器具的研发、中水利用等节水措施，对城市绿色发展，提高用水效率和水环境承载能力具有重要现实意义。同时，发挥对暴雨洪峰的延缓以及对径流总量的控制作用，对初期雨水的滞留，降低面源污染程度也具有重要作用。河道生态挡墙种植槽内的景观植物需要必要的水分，利用河道生态挡墙地形优势，可收集雨水，用于生态挡墙植物浇灌，因此，提出植绿生态挡墙雨水收集系统。

目前，我国开展的"海绵城市"建设是对于整个城市节水、雨水综合利用改造而言的。其实质是依托某一建筑或某一区域进行雨水收集与综合利用。城市中的河道挡墙由于历史、技术原因，基本上以钢筋混凝土、浆砌石为主，不但破坏了河道生态和城市自然景观，且大部分仅在挡墙顶部设置花圃，通过市政供水进行浇灌，浪费了大量的水资源，与现在倡导的水生态文明和节水理念格格不入。基于对海绵城市的理解，研究城市河道挡墙集雨水收集、利用和生态绿化于一体的技术，提出一种既能自动收集、储存雨水，又能服务于城市生态景观建设的河岸挡墙的节水型生态景观装置，为城市河道生态绿化改造提供支持，达到节水利用与生态和谐的目的。

5.2 岸坡雨水收集利用系统

5.2.1 雨水收集利用系统概念

岸坡雨水收集利用系统，是指根据河道挡墙所处地形地质条件，将雨水收集后，经过滤、消毒、净化，达到符合设计使用标准，用来浇灌生态挡墙种植槽植物的系统，可节约水资源，缓解缺水问题。一般由弃流过滤系统、蓄水系统、净化系统、浇灌系统等组成。

5.2.1.1　雨水收集

一般通过屋顶、透水铺装、植草沟收集雨水至蓄水池。

1. 屋顶雨水收集

对于城市河道堤坝，雨水来源可为屋顶雨水与地面雨水。屋顶雨水相对干净，杂质、泥沙及其他污染物少，可通过弃流和简单过滤后，直接排入蓄水系统，进行处理后使用。地面雨水杂质多，污染物源复杂，在弃流和粗略过滤后，还必须进行沉淀才能排入蓄水系统。因此，有条件时，应尽量利用屋顶雨水（图5.2-1）。

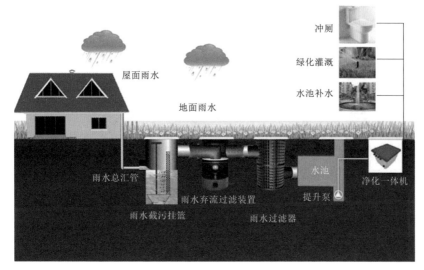

图5.2-1　屋面雨水收集示意图

2. 透水铺装

将生态挡墙后方的堤顶道路路面改造成透水铺装，宽5～10m，路面采用细粒式改性透水沥青混凝土。透水铺装从下向上一般由级配碎石、稀浆封层、水泥碎石稳定层、粗粒式改性透水沥青混凝土、中粒式改性透水沥青混凝土、细粒式改性透水沥青混凝土组成。透水铺装的透水基层内设置排水管，将下渗雨水收集到路边雨水管，最终汇入雨水蓄水池回收利用（图5.2-2）。

3. 植草沟

将河道生态挡墙后方绿化带改造成植草沟。植草沟的结构设置，从下向上一般为：素土夯实、土工布、级配砾石层、透水软管、土工布、种植土、植被种植。透水基层内设置排水管，将下渗雨水收集入路边雨水管，最终汇入雨水蓄水池回收利用（图5.2-3）。

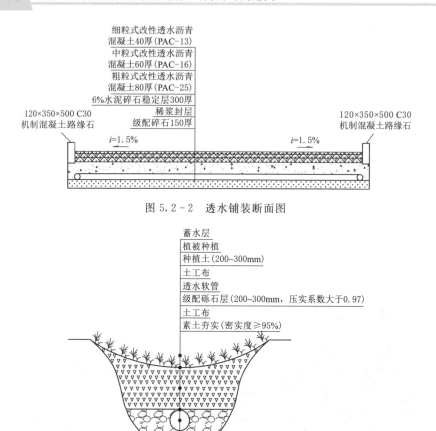

细粒式改性透水沥青
混凝土40厚(PAC-13)
中粒式改性透水沥青
混凝土60厚(PAC-16)
粗粒式改性透水沥青
混凝土80厚(PAC-25)
6%水泥碎石稳定层300厚
稀浆封层
级配碎石150厚

120×350×500 C30
机制混凝土路缘石

120×350×500 C30
机制混凝土路缘石

$i=1.5\%$　　　　$i=1.5\%$

图 5.2-2　透水铺装断面图

蓄水层
植被种植
种植土(200~300mm)
土工布
透水软管
级配砾石层(200~300mm，压实系数大于0.97)
土工布
素土夯实(密实度≥95%)

渗透型植草沟节点大样

图 5.2-3　植草沟示意图

图 5.2-4　PP 模块雨水蓄水池

4. 雨水蓄水池

蓄水池上游接入集水井，集水井具有沉淀池的功能。根据河道生态挡墙植物需水特性、当地气候，计算蓄水池的容积。蓄水池可布置于挡墙后上方，也可布置在堤后较高的位置。

雨水蓄水池可用混凝土浇筑，也可采用PP 聚丙烯模块（图 5.2-4）。雨水蓄水模块是一种可以用来储存水，但不占空间的新型产品，具有超强的承压能力，95%的镂空空间可以实现更有效率的蓄水。该模块主要应用于雨水的储存和回用，道路沿线排水和蓄水渗滤系统、停车场、生态浅沟蓄水排水，屋顶、路面的雨水收集处理等。模块一般为100%高品质的再生PP聚丙烯，具有水浸泡无析出物，无异味，超强的耐强酸、强碱性，具40年以上的使用寿命特点。

5.2.1.2　雨水处理

1.处理标准

经处理后的雨水应满足《城市污水再生利用——城市杂用水水质》（GB/T 18920—2002）标准，出水可用于绿化、水景观和车辆冲洗。

2.处理工艺

地面或屋面雨水汇流后进入雨水管，初期雨水溢流外排，剩下的雨水进入雨水蓄水池，经过滤装置消毒处理后回用。雨水收集处理工艺及平面布置如图5.2-5所示，效果图如图5.2-6所示。仅用于生态挡墙植物浇灌的水体，处理工作可适当简化。

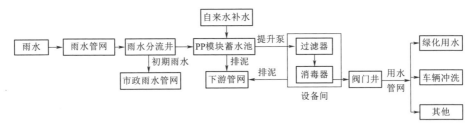

图5.2-5　雨水收集处理工艺图

图5.2-6　雨水收集处理工艺效果图

5.2.1.3　雨水利用

将收集来的雨水通过管道，自流至生态种植槽内，实现自流浇灌(图5.2-7)。

植绿生态挡墙雨水收集自动浇灌系统，需要根据种植槽植物种类、湿热条件、降水等环境因素确定需水时段与需水量，计算蓄水量，布置管线，结合种植槽墒情监测，实现自动浇灌功能，图 5.2-8 为实物模型。

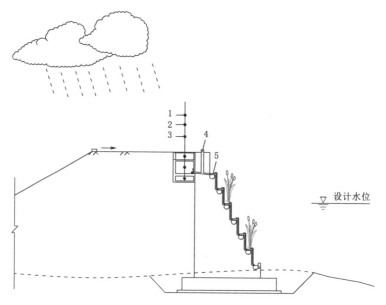

图 5.2-7 植绿生态挡墙雨水收集自动浇灌示意图
1—排水沟；2—蓄水池；3—沉沙池；4—施肥管；5—浇灌管道

5.2.2 雨水收集利用系统的实施

5.2.2.1 植绿生态挡墙雨水收集利用系统设计

位于堤坝临水侧的植绿生态挡墙，墙后常为土质堤坝。在堤顶靠近挡墙侧设置排水沟，堤顶向排水沟一侧设有一定的坡度，用以排除堤顶的积水（如雨水）。排水沟断面尺寸需根据降雨量、降雨历时、堤顶坡比、堤顶路面特性、排水沟纵坡等因素经计算确定，一般可取宽 0.5～0.8m，深 0.3～0.5m。在排水沟的正下方，设置

图 5.2-8 自动浇灌系统实物模型
（参展 2019 年中国创新创业成果交易会）

蓄水箱，排水沟的水通过滤网经过滤后进入蓄水箱。蓄水箱断面尺寸需要根据所浇灌植物的需水量及需水分布特征等因素经计算确定，可取其上方排水

沟的宽度，深取 0.7～1.0m。在蓄水箱里对应滤网的正下方，设置沉沙池，以方便以后检修，用以沉积通过滤网后的细砂等杂物。沉沙池深取 0.3～0.5m。蓄水箱每个长 8～10m，每个蓄水箱对应设置滤网及沉沙池各 1 个。相邻蓄水箱两端设竖向隔板分隔成相对独立的箱体，各箱体内的水体相互独立，没有水体交换。在蓄水箱底部设浇灌主管，进口处设滤网及闸阀。

浇灌主管穿过挡墙进入临水侧种植槽，以四通接头连接并向两侧铺设浇灌支管，然后通过地插滴头向种植槽内的植物进行浇灌。同时，浇灌主管还向下面各排种植槽继续延伸，穿过挡墙，铺设支管、地插滴头等，直至铺设到常水位附近的种植槽。如此，堤顶雨水进入排水沟后，经滤网过滤后进入蓄水箱，经浇灌主管、支管、地插滴头等，顺利进入种植植物的种植槽中，从而实现自动浇灌植物（图 5.2－9）。

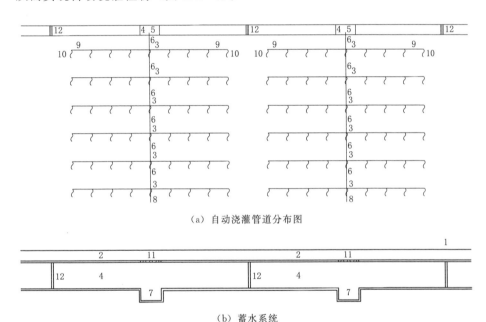

（a）自动浇灌管道分布图

（b）蓄水系统

图 5.2－9　自动浇灌管道与蓄水系统示意图

1—堤顶；2—排水沟；3—管道四通；4—蓄水箱；5—进水管闸阀；6—浇灌主管；

7—沉沙池；8—排水孔；9—浇灌支管；10—地插滴头；11—滤网；12—隔板

在挡墙顶设置施肥管，末端与浇灌主管相连，当植物需要肥料时，可通过此施肥管添加肥料。为防止管道堵塞，宜添加液体或遇水速溶的肥料。

5.2.2.2　植绿生态挡墙雨水收集利用系统施工方法

植绿生态挡墙雨水收集利用系统施工方法如图 5.2－10 所示，可按如下步骤进行：

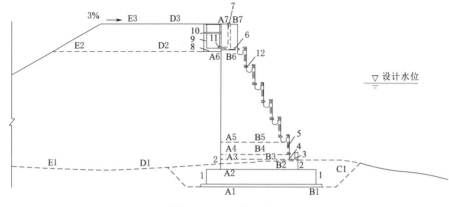

图 5.2 - 10　施工方法

（1）清基，开挖至建基面 A1—B1，浇筑混凝土垫层。

（2）立 1—1 侧模板，浇混凝土至 A2—B2 高程。

（3）立 2—2 侧模板，浇混凝土至 A3—B3 高程。

（4）立两侧模板及 4 侧模，立 3 浇灌主管内模，浇混凝土至 A4—B4 高程。

（5）立两侧模板，立 5 浇灌主管内模，浇混凝土至 A5—B5 高程。

（6）重复以上步骤，浇混凝土至 A6—B6 高程。

（7）立两侧模板，立 6 浇灌主管内模，立 7 施肥管内模，浇混凝土至 A7—B7 高程。

（8）填筑挡墙后土体，至 D2—E2 高程。

（9）立蓄水箱 8、9、10 的模板，浇筑混凝土蓄水箱，同时，在适当位置浇筑沉沙池。

（10）在蓄水箱顶立板浇筑排水沟混凝土，或采取浆砌体，在沉沙池的正上方预留安装滤网的洞口。

（11）填筑土体至 D3—E3 高程，并向排水沟形成 3％～5％的坡度。

（12）安装蓄水箱内浇灌主管闸阀、滤网。

（13）安装浇灌支管 12。

（14）在植物种植之后，在浇灌支管 12 上安装地插滴头。

（15）安装蓄水箱顶部滤网、施肥管口保护盖。

5.2.2.3　植绿生态挡墙雨水收集利用系统优势

植绿生态挡墙雨水收集利用系统具有如下优势：

（1）针对性强。该系统解决了落水者自救型生态挡墙如何实施自动浇灌种植槽内植物的问题。

（2）节省占地。蓄水箱设置于排水沟正下方，不需另外占地。

（3）生态、环保。充分利用雨水，减少地表径流对堤坝的冲刷。经过滤、收集后，通过铺设的浇灌主管、支管、地插滴头等，依靠重力将蓄水箱内的水引入挡墙临水侧种植槽，实施自动浇灌植物。

（4）方便肥料添加。当需要添加肥料时，可通过挡墙顶部的施肥管，将肥料顺利加入灌溉主管中，保证种植槽里植物健康生长。

（5）造价低廉、节能。不需要铺设长距离供水管道，不需要动力、水泵等从河道中抽水浇灌，仅铺设少量浇灌管道，成本低且节能。

（6）外表美观。浇灌主管穿过挡墙而不外露，浇灌支管及地插滴头细小，沿植物根部铺设时，均能很好地隐藏于植物丛中，且检修方便，美观而实用。

5.3　生态岸坡植物适生性研究

5.3.1　植生毯植物适生性研究

植生毯的种子搭配应根据选定的植物特性（表5.3-1、表5.3-2），并结合使用目的、地理环境及土壤特性等进行设计。设计要求如下：

（1）按使用目的选择。防止土壤侵蚀宜选择根系发达、耐旱、适应性强，生长密集的植物种子，如红顶草、高羊茅、百慕大草、百喜草等；生态修复宜选择丛生型、根深、生态适应性广的植物种子，如黑麦草、紫羊茅、芒草、艾草、原有草木本类等。

（2）按地理环境选择。北方地区宜选择耐寒、植株低矮、发芽率高、易于生长的植物种子，如细弱剪股颖、早熟禾、黑麦草等；南方地区宜选择喜好高温、生长迅速的植物种子，如百慕大草、非洲虎尾草、毛花雀稗、芒草等。

（3）按土壤特性选择。硬质贫瘠砂土宜选择根深、耐贫瘠、适应性强的植物种子，如意大利黑麦草、紫羊茅、胡枝子、紫穗槐等；软质肥沃土宜选择地下茎或丛生型、喜好高温的植物种子如早熟禾、短百慕大草、毛花雀稗、红顶草等；酸性土壤宜选择根深、抗酸性好、适应性强的植物种子，如红顶草、草芦、梯牧草、尖叶胡枝子等；碱性土壤应在土壤改良后进行种子选择。

（4）植生毯种子使用量计算。植生毯应根据设计要求按式（5.3-1）计算每个品种的使用量。

$$W = G/(S \times P \times B \times N) \tag{5.3-1}$$

式中：W 为每个品种的使用量，g/m^2；G 为每个品种的设计生长棵数，棵$/m^2$；S 为每个品种的每克平均粒数；P 为每个品种的种子纯度，%；B 为每个品种的种子发芽率，%；N 为每个品种的补正数值，补正数值应考虑施工现场各种阻碍发芽的因素后决定，一般取 0.90～0.98。

常见草本植物生长特性表

表 5.3－1

序号	植物种类	生长环境	繁殖方法	植株高度/cm	根茎深浅	适宜播种月份	最适pH	生长发育特性		耐抗性（◎特别强 ○强 ×弱）									发芽率/%	净度/%	寿命/年
								气候	土壤	酸	湿	高山坡	旱	署	盐	砂	寒	阴			
1	细弱剪股颖	北方	地上茎 地下茎	20~40	根浅	3-5 9-11	6~7	阴凉湿润	各种土壤	○	○			○		○	○	○	90	95	3
2	匍匐剪股颖	北方	地上茎 地下茎	15~30	根浅	3-5 9-11	6~7	阴凉湿润	各种土壤	○	○			×			○	○	90	95	3
3	红顶草	北方	地上茎 地下茎	30~60	根浅	3-5 9-11	5.5~7.5	适应性强	各种土壤	○	◎			○			○	×	80	95	1~2
4	高羊茅	北方	丛生型	50~100	根深	3-6 9-11	5.4~7.6	适应性强	各种土壤	○	○			○			○	○	85	97	2~5
5	旱熟禾	北方	地下茎	30~50	根浅	3-5 9-11	6.0~7.8	适应性强	土地肥沃	○		◎		×	○	◎	◎	◎	80	95	2~5
6	知风草	南方	丛生型	50~90	根浅	5-6 8-9	5.5~7.0	适应性强	各种土壤	○	×		×		○		×	×	82	95	2~5
7	百慕大草	南方	地上茎	10~20	根浅	6-8	5.5~7.0	喜好高温	各种土壤	○		◎	○		◎		×		85	97	1~2
8	短百慕大草	南方	地上茎	7~15	根浅	6-8	5.5~7.0	喜好高温	土地肥沃	○		○	○		◎		×		85	97	1~2
9	百喜草	南方	地下茎	30~70	根深	6-8	5.1~6.5	地暖	各种土壤	○		○	○	○	○	○			70	90	1~2
10	匍匐紫羊茅	北方	地下茎	40~70	根深	3-6 9-11	5.0~6.5	适应性强	砂粒土壤	○							◎	○	85	96	2~5
11	草芦	北方	地下茎	60~130	根深	4-6 9-11	5.0~6.5	适应性强	湿润土地	○	◎			○			○		70	96	1~2

续表

序号	植物种类	生长环境	繁殖方法	植株高度/cm	根茎深浅	适宜播种月份	最适pH	生长发育特性 气候	生长发育特性 土壤	耐抗性 ◎特别强 ○强 ×弱 酸	湿	高山坡	旱	暑	盐	砂	寒	阴	发芽率/%	净度/%	寿命/年
12	梯牧草	北方	丛生型	50~120	根深	3-5 9-11	5.0~6.5	适应性强	各种土壤	○	○	○	×	×			◎		85	95	2~5
13	菪芘菜	北方	丛生型	50~100	根深	3-5 9-11	6.0~7.0	适应性强	各种土壤		○		○	○			○		80	90	1~7
14	黑麦草	北方	丛生型	40~60	根深	3-5 9-10	5.5~7.0	温暖土地	各种土壤	○			×	×			○		90	95	2~5
15	意大利黑麦草	北方	丛生型	50~100	根深	3-5 9-11	6.0~6.5	温暖土地	沙粒土壤		○		×	×			◎	×	90	98	1
16	非洲虎尾草	南方	地上茎	50~120	根深	5-6	5.0~6.5	温暖	沙粒土地	○	○		◎	◎			×		80	95	2
17	紫羊茅	北方	丛生型	25~50	根深	3-5 9-11	5.5~6.5	阴凉	沙粒土壤	○		○	◎	○			◎	◎	85	95	2~3
18	毛花雀稗	南方	丛生型	60~120	根深	3-5 9-10	5.0~6.5	温暖土地	土地肥沃	○			○	○		○	×		90	60	2~5
19	白三叶	北方	地上茎	20~30	根浅	3-5 9-10	5.5~7.0	适应性强	耐干旱	○		○	◎	○			○	○	90	98	3~6
20	拉定三叶草	北方	地上茎	30~40	根浅	3-5 9-10	5.5~7.0	适应性强	喜好湿气	○	○		×	○			○	○	90	96	3
21	结缕草	南方	地上茎	10~20	根浅	6-8	3.4~5.5	地暖	酸性地	◎	×		○	○			×	×	35	95	1~2

157

表 5.3－2

常见木本植物生长特性表

序号	地被植物种类	生长型	繁殖方法	植株高度/cm	根茎深浅	适宜播种月份	气候	土壤	酸	湿	高山坡	旱	暑	盐	砂	寒	阴	发芽率/%	净度/%	寿命/年
							生长特性		耐抗性 ◎特强 ○强 ×弱											
1	尖叶胡枝子	上繁草	种子	60~100	根深	4~5	适应性强	各种土壤	◎	○	◎	◎	◎			○		80	95	1~2
2	中国芒（荻树）	上繁草	丛生型种子	100~200	根深	4~5	适应性强	各种土壤	◎	○	◎	◎	◎	◎		○		35	70	1
3	魁蒿	上繁草	种子地下茎	60~150	根浅	4~5	地暖	各种土壤	◎	○	◎	◎	◎			○		70	40	1~2
4	虎杖	上繁草	种子地下茎	30~150	根深	4~9	地暖	各种土壤	◎	○	◎	○	◎			○		50	70	1~2
5	马棘	丛林	种子	50~90	根深	3~5	地暖	各种土壤		○	◎	◎	○			○		40	95	2
6	条纹胡枝子	中繁草	种子	20~40	根浅	3~5	地暖	土地肥沃	◎		◎	◎	◎					98~100	70	2
7	黑木相思	高木	种子	1000~2500	根浅	3~5	地暖	土地肥沃		○	◎	○	◎		◎	×	×	80	95	2
8	葛根	蔓延	苗栽地下莲	1000~1300	根深	3~5	适应性强	土地肥沃		○	○	○	○		○	◎	×	7~57	90	2~3
9	金雀花属	中木	种子	300~400	根深	4~6	地暖	砂土土壤	○	×	◎	◎	◎		○	◎	◎	60	90	2
10	紫穗槐	中木	种子	200~400	根深	3~4	适应性强	砂土土壤	○	×	◎	○	◎	○	○	◎	×	65	90	2
11	胡枝子（去皮）	低木	种子	100~200	根深	3~5	地暖	砂土土壤			◎	◎	◎		○	◎	×	60	95	2

续表

序号	地被植物种类	生长型	繁殖方法	植株高度/cm	根茎深浅	适宜播种月份	生长特性 气候	生长特性 土壤	耐抗性◎特强○强×弱 酸	湿	高山坡	旱	署	盐	砂	寒	阴	发芽率/%	净度/%	寿命/年
12	胡枝子（带皮）	低木	种子	100~200	根深	3-5	地暖	砂土土壤	○		◎	◎	◎			◎	×	50	70	2
13	刺槐	高木	种子	1500~2000	根浅	3-4	适应性强	砂土土壤	×	×	◎	◎	◎	○	◎	◎	○	70	99	2
14	金合欢	高木	种子	800~1000	根浅	5-6	地暖	各种土壤	○	×	○	○	○				×	75	95	3~5
15	槭木	高木	种子	300~500	根深	3-6	适应性强	各种土壤	○	×	◎	○					×	50	80	1
16	大叶夜叉五倍子	高木	种子	200~600	根深	3-6	地暖	高山坡	0	×	◎	○		○				50	80	1
17	日本赤松	高木	种子	1000~3000	根深	3-4	地暖	各种土壤	◎	×	◎	◎	◎			◎	×	70	95	5
18	日本黑松	高木	种子	1500~3000	根浅	3-4	地暖	砂土土壤	◎	○	○	◎	×		◎		×	70	95	5
19	日本桤木	高木	种子	1000~1700	根浅	3-4	适应性强	抗旱强	◎	○	○	◎	◎				×	30	50	1
20	赤杨	高木	种子	200~1700	根浅	3-6	适应性强	不适合湿地	○	○	○	○				○	×	30	50	1
21	锦带花	低木	种子	200~300	根浅	5-6	适应性强	高山坡		◎	○	○	○	○			○	60	70	2

5.3.2 植生混凝土植物适生性研究

5.3.2.1 植生混凝土植物物种的选用

1. 植生混凝土植物物种的选用原则

植生混凝土植物物种的选用应符合以下原则：

（1）根据广州地区热带南亚热带季风气候对植物选型的要求不同，以气候生态条件为基础，按照植物对气候生态因子的要求，选择该气候带上适宜生长的植物物种。热带南亚热带季风气候区的植物物种见表 5.3-3。

表 5.3-3　　　　　　　　热带南亚热带季风气候区的植物物种

气候带	类别	植　物　物　种
热带	草种	狗牙根、白喜草、山毛豆、银合欢、假俭草、结缕草、竹节草、白三叶、苇状羊茅
南亚热带	灌木	黄荆、夹竹桃、爬柳、紫穗槐、胡枝子
季风气候	藤本	爬墙虎、常春藤、凌霄
	草花	孔雀草、波斯菊

（2）从植生混凝土固有特性与生态景观效益考虑，应选择耐碱、抗逆性强、生长迅速、越年或多年生、适合粗放管理的植物物种。

（3）从植物的功能性考虑，植生混凝土的工程应用类别不同，对植物的选择也不同，应充分发挥植物的建造、功能、美学和环境功能。

（4）从生物学角度考虑，尽量选择当地物种，避免引入外来物种引发生态灾害。

2. 植生混凝土植物品种的选用

植物作为植生混凝土体系的组成部分，其根系发展起到一定的加筋作用，即根系有利于提高植生混凝土的稳定性。由于植生混土多孔混凝土的孔径大小平均为 3~6mm，根据植物物种既定的根茎粗细状态，藤本、灌木类植物根茎发达、穿刺性强，会破坏混凝土内部构造、引起混凝土内部开裂，从而导致植生混凝土失去承载能力；而大多数草本类植物根须较为纤细，其发展不会对混凝土造成破坏性影响。故本书首先选择适用性强的草本植物高羊茅、狗牙根、披碱草、百喜草、白三叶、四季青、护坡王（黑麦草和狗牙根混合统称为护坡王）提前试种，然后根据试种情况优选植物进行植物适生性研究。试验选用植物的基本特性见表 5.3-4，抗性指标见表 5.3-5。

表 5.3-4　　　　　　　　试验选用植物的基本特性

编号	植物	地上高度 /cm	根系情况	耐酸碱性 pH	最适播种期	冷暖型	生命周期	其他
1	高羊茅	50~70	发达	4.7~9.5	3—5月、9—11月	冷季型	多年生	禾本科

续表

编号	植物	地上高度/cm	根系情况	耐酸碱性pH	最适播种期	冷暖型	生命周期	其他
2	狗牙根	10～30	发达	5.5～8.0	3—9月	暖季型	多年生	禾本科
3	披碱草	12～15	发达	5.5～8.5	4—5月、8—9月	冷季型	多年生	禾本科
4	百喜草	15～30	发达	5.5～8.0	3—5月、9月	暖季型	多年生	禾本科
5	白三叶	15～25	一般	5.5～8.5	9—10月	冷季型	多年生	豆科
6	四季青	10～20	发达	5.5～8.5	9—11月	冷季型	多年生	禾本科

表5.3－5 试验选用植物的抗性指标

植物	抗旱性 X1	抗贫瘠 X2	抗寒性 X3	抗病虫害 X4	抗热性 X5	生态效益 X6	观赏性 X7
高羊茅	1	1	1	2	2	2	2
狗牙根	1	1	2	2	1	1	2
披碱草	1	1	3	2	2	2	2
百喜草	1	1	1	2	1	2	2
白三叶	3	2	1	2	2	2	1
四季青	1	1	1	2	1	1	2

注 1——良好；2——一般；3——较差。

3. 试种试验

试种试验为纯基质条件下的植物种植试验，不含混凝土层，仅采用3.5节中所述的覆层基质，将高羊茅、狗牙根、披碱草、百喜草、白三叶、四季青、护坡王7种植物的草籽提前浸泡12h催芽处理后进行撒播，且用量均为25～30g/m²。

试种试验播种时间为2019年4月25日，观察期为28d，种植期间广州市番禺区的天气情况见表5.3－6。通过追踪养护、观察与记录，发现7种植物草籽出苗速度由快到慢依次为披碱草、白三叶、高羊茅、护坡王、百喜草、狗牙根、四季青。生长（植株长高至3cm）速度由快到慢依次为披碱草、高羊茅、护坡王、狗牙根、百喜草、白三叶、四季青，如图5.3－1和图5.3－2所示。披碱草生长速度较快、发芽率高，百喜草生长速度相对较慢、发芽率高，但两者在持续性降雨情况下均表现出发育不良、植株倒伏死亡的现象，存活率降低，若做好养护工作，披碱草可作为"先锋草"，与其他植物草籽混播，达到短期成坪的绿化效果；白三叶出苗快但出苗率较低，不能满足绿化效果要求；高羊茅、护坡王、狗牙根和四季青在28d观察期内整体发育良好，出苗率高、成坪观赏性好。

表 5.3 - 6　　　　　　　　试种试验期间天气情况（广州番禺）

记录日期	白天		夜晚		记录日期	白天		夜晚	
	天气	最高温/℃	天气	最低温/℃		天气	最高温/℃	天气	最低温/℃
2019 年 4 月 25 日	多云	31	雷阵雨	22	2019 年 4 月 26 日	中雨	29	中雨	24
2019 年 4 月 27 日	中雨	27	雷阵雨	22	2019 年 4 月 28 日	雷阵雨	28	雷阵雨	23
2019 年 4 月 29 日	多云	30	多云	22	2019 年 4 月 30 日	大雨	27	中雨	21
2019 年 5 月 1 日	多云	26	多云	20	2019 年 5 月 2 日	阵雨	24	多云	18
2019 年 5 月 3 日	多云	25	雷阵雨	20	2019 年 5 月 4 日	阵雨	26	阵雨	20
2019 年 5 月 5 日	大雨	23	大雨	18	2019 年 5 月 6 日	中雨	23	中雨	19
2019 年 5 月 7 日	中雨	23	中雨	19	2019 年 5 月 8 日	中雨	20	中雨	19
2019 年 5 月 9 日	阴	26	多云	20	2019 年 5 月 10 日	多云	28	多云	22
2019 年 5 月 11 日	多云	30	多云	23	2019 年 5 月 12 日	多云	31	多云	23
2019 年 5 月 13 日	多云	32	多云	24	2019 年 5 月 14 日	多云	32	雷阵雨	26
2019 年 5 月 15 日	雷阵雨	32	雷阵雨	26	2019 年 5 月 16 日	雷阵雨	33	多云	26
2019 年 5 月 17 日	雷阵雨	33	雷阵雨	27	2019 年 5 月 18 日	雷阵雨	34	雷阵雨	26
2019 年 5 月 19 日	雷阵雨	35	大雨	24	2019 年 5 月 20 日	中雨	29	阴	23
2019 年 5 月 21 日	多云	31	阵雨	24	2019 年 5 月 22 日	中雨	30	中雨	25

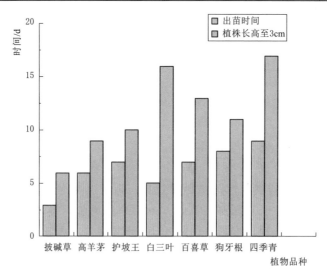

图 5.3 - 1　植物出苗、生长状况对比

　　试种试验仅选育出广州地区生长状况良好的草本植物品种，并未探究混凝土环境对植物生长的影响，因此，有必要对上述优选出的高羊茅、护坡王、狗牙根和四季青 4 个植物品种进一步开展适生性研究。

图 5.3-2　披碱草植株平均高度 3cm

5.3.2.2　植生混凝土植生试验

1. 植生试验方案设计和植生效果评价指标

（1）植生试验方案设计（表 5.3-7）。植生混凝土植生试验的目的是通过探讨选种方式、种植形式对植物生长情况的影响，验证植物在混凝土环境中的适生性，从而确定植生混凝土的植物选择范围及植生混凝土工程应用的可行性。

本书从以下两方面设计植生试验，植生试验具体方案见 3.5 节。

1）选种方式对植物生长情况的影响：基于试种试验所选的草本植物品种，根据植物单播、混播的选种方式设计 5 组试验，观察比较植物在多孔混凝中的植生效果，优选较好的组别以供植生混凝土工程应用参考。

2）种植形式对植物生长情况的影响：草本植物的种植形式一般分为草籽撒播和草皮铺设两类，通过比较四季青草籽撒播和草皮铺设两种形式的植生效果，确定各自适用的工程应用环境。

表 5.3-7　　　　　　　　植 生 试 验 方 案 设 计

组别	选种方式/种植形式	植物	其他
X1	单播/草籽撒播	高羊茅	
X2	单播/草籽撒播	狗牙根	
X3	单播/草籽撒播	四季青	
X4	混播/草籽撒播	护坡王、高羊茅	m（护坡王）：m（高羊茅）＝3：1
X5	草皮铺设	四季青	

（2）植生效果评价指标。

1）植物的覆盖率：植物的覆盖率通过用规格纸覆盖未长草的面积与总面积的比值反映，见式（5.3-2）。

$$C = 1 - \frac{S_\text{未}}{S_\text{全}} \qquad\qquad (5.3-2)$$

式中：C 为植物的覆盖率，%；$S_\text{未}$ 为未长草的面积，m^2；$S_\text{全}$ 为种植区域的总面积，m^2。

2）植物生长速度：由植物平均株高体现，植物平均株高的测试方法：任意选取一小块面积，用刻度尺测量草的株高，统计并取平均值。

3）质地情况：目测观察植物，从色泽方面判断质地情况。

4）景观质量：植物密度、色泽、质地和均匀性构成植物景观质量。

2. 植生混凝土植生技术

植生混凝土的植生试验可分为 4 个步骤进行。

（1）准备植生试验所需的多孔混凝土构件。根据植生混凝土配合比制备若干个尺寸为 200mm×200mm×100mm 的构件和边长为 100mm 的立方体试块标准养护后采用 DPS 剂喷涂的方式对构件进行降碱处理。

（2）配制植生混凝土孔隙填充基质及其填充。将天然土壤、泥炭土、SAP 吸水树脂、有机肥和硫酸亚铁按照比例依次加入强制式搅拌机中，充分拌匀后加入适量水，继续搅拌 30s 制成孔隙填充基质浆体，如前所述基质浆体扩展度为 185～230mm 为宜，采用灌浆法将孔隙填充基质填充至多孔混凝土孔隙中，过程中可轻轻敲打多孔混凝土侧面，以便基质充分填充孔隙。将填充好的构件依次密铺在透明亚克力框内，框底面与侧面均开设了一定数量的排水孔，避免试验期间出现积水过多土壤板结的现象。

（3）配制植生混凝土覆层基质及其拍附和植物种植。

1）选择撒播草籽的种植方式。首先，将天然土壤、泥炭土、石膏、蛭石、珍珠岩、有机肥、硫酸亚铁和固化剂加入少量水混合均匀后拍附一层覆盖在多孔混凝土的表面，如图 5.3-3 所示。然后在该土壤层均匀撒播植物草籽，撒播量则需要根据各植物用量规定加以控制，草籽撒播如图 5.3-4 所示，最后再拍附一层约 5cm 厚的覆层基质，如图 5.3-5 所示。在此过程中，可先对珍珠岩进行研磨后再与其他配料进行混合搅拌，这是因为在进行探索性试验的过程中发现，珍珠岩属于轻质材料，其密度比水小，持续性降雨情况下珍珠岩易浮于土壤表面，并在植株周围成团集结，导致植株苗期倒伏、死亡，如图 5.3-6 所示。

2）选择草皮铺设的种植方式。将天然土壤、泥炭土、石膏、蛭石、珍珠岩、有机肥、硫酸亚铁和固化剂加入少量水混合均匀后覆盖在多孔混凝土表面，整平后密铺草皮，草皮间需留有 1cm 生长间隙，然后用铲子拍打草皮，使草皮和基质充分接触，以保证草皮根部土块尽可能镶进基质中，并浇灌足量水使草皮扎根生长。

图 5.3-3　拍附第一层覆层基质

图 5.3-4　撒播植物草籽

图 5.3-5　拍附第二层覆层基质

图 5.3-6　珍珠岩成团导致植株倒伏

（4）追踪养护与管理。植物自播种至出苗后的一段时间，为了提高植物的存活率，需要进行必要的养护管理工作。养护管理工作主要从肥水控制管理、病虫害防治两方面展开。其中，水分管理尤为重要，水分控制决定着植物的发芽与长势。植物生长早期，水分是保证植物发芽的必要因素，每日应至少早、晚各浇水一次，天气炎热时视情况增加浇水频率，且浇水采用微喷灌的方式。植物种子发芽后，若水分过多，植物根部的呼吸作用减少，即导致根部含氧量减少、植物养分运输合成作用受限；若水分过少，植物光合作用效率降低，叶子易发黄枯萎。肥力控制管理，包括施加基肥和追肥措施，施加基肥就是在基质中加入一定比例的 N、P、K 的复合肥，促进植物的生长；追肥就是在植物长出嫩芽后根据实时生长情况追加肥料，促进植物的根系生长。病虫害防治的目的是使植物对病虫害产生一定的免疫能力，常见的防治措施有喷雾、熏蒸等。

3. 植生试验结果与分析

植生混凝土的植生试验在广州大学实验楼屋顶进行，因为试种试验优选出来的植物品种最适播种期均在 9—11 月，故播种时间均为 9 月 12 日，经过长达 60d 的追踪观察、养护管理及记录，通过对各组植物的生长速度、覆盖率和质地情况的对比分析，进行植生效果比较，确定适生性较好的植生方案，以供工程应用参考借鉴。5 组植物 14d、28d 的生长状况如图 5.3 - 7 ～图 5.3 - 11所示。

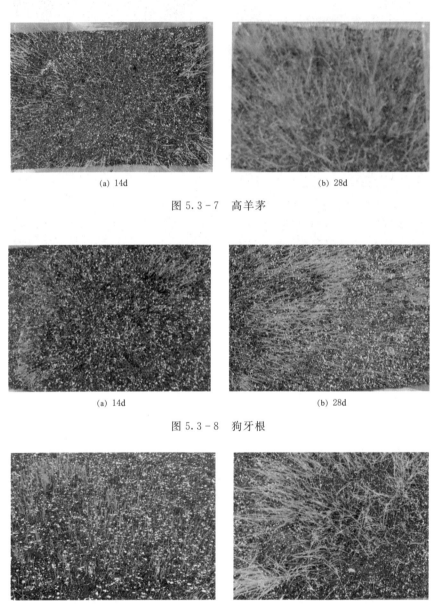

(a) 14d　　　　　　　　　　　　(b) 28d

图 5.3 - 7　高羊茅

(a) 14d　　　　　　　　　　　　(b) 28d

图 5.3 - 8　狗牙根

(a) 14d　　　　　　　　　　　　(b) 28d

图 5.3 - 9　四季青

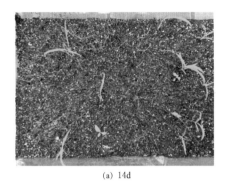 

(a) 14d　　　　　　　　　　　　　　(b) 28d

图 5.3 - 10　护坡王和高羊茅（混播）

(a) 14d　　　　　　　　　　　　　　(b) 28d

图 5.3 - 11　四季青（草皮）

（1）生长速度。以植物播种当天作为种植的第 1 天，随后记录植物的出苗时间以及测量植物的植株高度。X1～X4 植生试验组的出苗时间依次为 7d、8d、10d、8d，植株高度随种植时间的变化趋势如图 5.3 - 12 所示。

通过试种试验与植生试验的植物出苗时间对比分析可知，当植生试验采用上置式的种植构造时，对植物草籽的萌发出苗几乎没有影响，即 1 周左右植物草籽开始发芽、出苗。由图 5.3 - 12 可知，各植生试验组在发芽出苗后初期植株高度增长速度均较快，而后慢慢减缓。这是因为播种后天气呈现连续高温干燥的状态，为确保植物正常发芽出苗，浇水次数较多，基质环境较湿润，植株生长较快，而随着植物出苗率的增大，浇水频繁会影响植物根系的呼吸作用，一般需要等基质干透后再浇水浇透，因此降低浇水频率后植株高度增长速度会稍微减缓。

在养护管理期内，植物均能生长至理论植株高度，即降碱后的多孔混凝土对植物生长不产生负影响，植物与混凝土相容性较高。根据 X1～X4 4 组植物植株高度的变化趋势，高羊茅、狗牙根和护坡王 3 种植物相较于四季青，

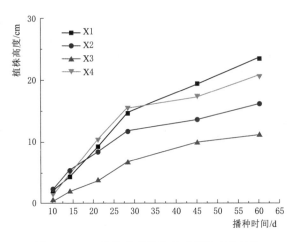

图 5.3 - 12   植株高度随种植时间的变化趋势

发芽出苗较快，28d 地上高度可达 10～15cm，且根系对植生混凝土体系起到一定加筋作用。对比 X1、X2 和 X4 组，护坡王、狗牙根和高羊茅的发芽天数较为接近，其混播未造成植物物种间明显的优胜劣汰现象。从植株高度变化来看，X1、X2 和 X4 组变化趋势基本一致，初期高羊茅生长速度较狗牙根、护坡王略慢。这是因为高羊茅属于冷季型草坪，当气温高于 30℃ 时生长缓慢，而狗牙根属暖季型草坪，30℃ 温度条件下狗牙根、护坡王（狗牙根和黑麦草混合草种）生长速度更快，因此气温是影响植物生长的较为重要的因素。

（2）覆盖率。植物的覆盖率大小反映植物的成坪能力，而覆盖率又与植物的发芽出苗率、成活率等有关。管理养护期内，X1～X4 组植物的发芽出苗率均高于 70%，28d 时 X1～X4 组植物覆盖率依次为 96%、75%、84%、92%，结果表明高羊茅和护坡王在混凝土环境中的成活率最高，四季青次之，狗牙根最低，因为降碱处理后的多孔混凝土对植物的抗碱性仍有一定要求，适生碱性范围越大的植物成活率越高，而且随着季节的更替，气温降低导致狗牙根草种生长放缓，所以高羊茅、护坡王和四季青更为适合在多孔混凝土上种植。

（3）质地情况。植物的质地情况主要通过观察植物叶子的色泽来判断。

试验在室外进行，养护管理期内，X1～X4 植生试验组的植物生长状况良好，植株叶子均较葱绿，未出现发黄的现象。但随着种植时间的进一步延长，气温的进一步降低，X2 和 X4 组均存在叶片枯黄现象，X4 为含狗牙根的混播草种，枯黄程度低于 X2 组，这是因为狗牙根的抗寒性一般，低温环境下植物养分传输效率降低，叶片的叶绿素含量降低，导致植物叶片色泽枯黄，而高羊茅和四季青的抗寒性较好，广州地区冬季环境下其叶片仍呈现葱绿的效果。

X5 组四季青草皮长势最好，由于移植铺设的缘故，14d 时四季青草皮尚未与植生混凝土体系完全融合，其部分叶片略显枯黄，而 28d 时四季青草皮完全填满铺设时预留的生长间隙，整体性较好，且叶子呈深绿色。

（4）景观质量。参考 NTEP 评分法，对植物的密度、色泽和均匀性等指标进行评价。采用 5 分制景观质量综合评价法，计总分时不同的指标予以不同的权重：密度 2 分、色泽 2 分、均匀性 1 分。指标评分标准见表 5.3-8，植生组 90d 景观质量综合评价见表 5.3-9。

表 5.3-8　　　　　　　　　评　分　标　准

指标	分等范围	评分
密度	<59%	1～2
	60%～80%	2～4
	80%～100%	4～5
色泽	较多枯叶，少量绿色	1～2
	较多绿叶，少量枯叶	2～4
	浅绿到深绿	4～5
均匀性	杂乱	1～2
	均一	2～4
	整齐	4～5

表 5.3-9　　　　　　　　植生组 90d 景观质量综合评价

组别	密度	色泽	均匀性	综合评定
X1	4.8	4.4	3.7	4.42
X2	3.5	3.5	3.9	3.54
X3	4.2	4.2	3.8	4.1
X4	4.6	3.9	3.7	4.14
X5	5	4.8	4.5	4.66

经过对比分析，X4 混播组既包含暖季型草坪狗牙根，又包含冷季型草坪高羊茅和黑麦草，故其可发挥多种植物的优良特性，环境适应能力强于单播

植物，成坪能力强，但其不易获得色泽纯一的草坪。

由表 5.3-9，X5 组四季青草皮的植株密度最大，X1 组高羊茅次之，X2 组狗牙根最差；色泽上，X5 为深绿色，X1 和 X3 为浅绿色，X2 和 X4 均含少量枯叶；四季青草皮的均匀性最好，X1～X4 均匀性次之。综合可知，四季青草皮的综合评分最高，为 4.66 分，景观质量最好，其后依次为高羊茅、护坡王和高羊茅混播、四季青、狗牙根。

5.3.3 植绿生态挡墙植物适生性研究

5.3.3.1 植绿生态挡墙种植槽植物选择

1. 植绿生态挡墙种植槽内植物种类的选择

该选择应符合下列要求：

（1）应综合考虑气候条件、光照条件、拟采取的工程形式、要达到的功能要求和观赏效果、栽培基质的水肥条件以及后期养护管理等因素，在色彩搭配、空间大小、工程形式上协调一致。

（2）常水位以下的种植槽，应选用挺水类植物。挺水型水生植物植株高大，花色艳丽，绝大多数有茎、叶之分；直立挺拔，下部或基部沉于水中，根或地茎扎入泥中生长，上部植株挺出水面。挺水型植物种类繁多，常见的有荷花、千屈菜、菖蒲、黄菖蒲、水葱、再力花、梭鱼草、花叶芦竹、香蒲、泽泻、旱伞草、芦苇等。

（3）设计洪水位以上，由于常年处于干地状态，宜选用耐旱植物，常见的就有长寿花、虎刺梅、薰衣草、风雨兰、沙漠玫瑰、绯花玉等。

（4）常水位与设计洪水位之间的种植槽，应选用耐淹耐旱植物，如垂柳、旱柳、榔榆、紫穗槐、紫藤、雪柳、重阳木、柿等。

（5）应选择和立地条件相适应的植物，并根据植物的生态习性和观赏特性选择，必要时创造满足其生长的条件。

（6）应根据挡墙面高度来选择攀缘植物。

（7）应以乡土植物为主，骨干植物应有较强的抗逆性。

（8）应根据植物的生物学特性和生态习性，确定合理的种植密度。

（9）藤本植物的栽植间距应根据苗木种类、规格大小及要求见效的时间长短而定，宜为 20～80cm。

2. 选配植物

结合使用目的、地理环境、土壤特性等因素进行选配植物。

（1）按使用目的选择。防止土壤侵蚀宜选择根系发达、耐旱、适应性强、生长密集的植物，如红顶草、高羊茅、百慕大草、百喜草等；生态修复宜选择丛生型、根深、生态适应性广的植物，如黑麦草、紫羊茅、芒草、艾草、原有草木本类等。

（2）按地理环境选择。北方地区宜选择耐寒、植株低矮、发芽率高、易于生长的植物，如蔓细弱剪股颖、早熟禾、黑麦草等；南方地区宜选择喜好高温、生长迅速的植物，如百慕大草、非洲虎尾草、毛花雀稗、芒草等。

（3）按土壤特性选择。硬质贫瘠砂土宜选择根深、耐贫瘠、适应性强的植物，如意大利黑麦草、紫羊茅、胡枝子、紫穗槐等；软质肥沃土宜选择地下茎或丛生型、喜好高温的植物，如早熟禾、短百慕大草、毛花雀稗、红顶草等；酸性土壤宜选择根深、抗酸性好、适应性强的植物，如红顶草、草芦、梯牧草、尖叶胡枝子等；碱性土壤应在土壤改良后进行植物品种选择。

5.3.3.2 植绿挡墙种植槽植物种植施工

植物种植施工时应满足《园林绿化工程施工及验收规范》（CJJ 82—2012）的相关要求。

（1）运苗前应先验收苗木，规格不足、损伤严重、干枯、有病虫害等植株不得验收装运。

（2）苗木运至施工现场，应立即栽植，不能立即栽植时应及时假植。

（3）栽植前应对苗木过长部分进行修剪，剪除交错枝、横向生长枝。

（4）种植穴的挖掘、苗木运输和假植、植物栽植、应符合现行行业标准《园林绿化工程施工及验收规范》（CJJ 82—2012）的规定。

（5）植物栽植前，结合整地，应向栽植穴和种植槽中的栽培基质施腐熟的有机肥。

种植施工时还应符合以下规定：

（1）栽植工序应紧密衔接，做到随挖、随运、随种、随浇，裸根苗不得长时间搁置。

（2）栽植穴大小应根据苗木的规格而定，宽度一般宜比苗木根系或土球每侧宽 10～20cm，深度宜比苗木根系或土球深 10cm。

（3）苗木栽植的深度应以覆土至根茎为准，根系必须舒展，填土应分层压实。

（4）栽植带土球的树木入穴前，穴底松土必须压实，土球放稳后，应清除不易腐烂的包装物。

表 5.3-10 给出了常见草本植物生长特性。

表 5.3 - 10 常见草本植物生长特性表

序号	植物名称	科	生长期	适用区	土深要求/cm	适宜水深/cm	生态习性（沉水/挺水/浮水/湿生）	生长特性（草本/木本）	观赏特性	适用地方	备注
1	金鱼藻	金鱼藻科	多年生	水下	>30	30~200	沉水植物	草本	叶	南北方	耐盐碱
2	狐尾藻	小二仙草科	多年生	水下	>30	30~200	沉水植物	草本	叶	南北方	耐盐碱
3	苦草	水鳖科	多年生	水下	>30	30~150	沉水植物	草本	叶	南北方	耐盐碱
4	轮叶黑藻	水鳖科	多年生	水下	>30	30~200	沉水植物	草本	叶	南北方	耐盐碱
5	铜钱草	伞形科	多年生	水下	>30	30~100	浮水植物	草本	叶	南方	
6	荇菜	龙胆科	多年生	水下	>30	30~100	浮水植物	草本	花	南北方	耐盐碱
7	萍蓬草	睡莲科	多年生	水下	>30	30~80	浮水植物	草本	叶/花	南北方	耐盐碱
8	水生美人蕉	美人蕉科	多年生	水下	>40	5~50	挺水植物	草本	花	南方	耐盐碱
9	黄菖蒲	鸢尾科	多年生	水下	>40	20~50	挺水植物	草本	花	南北方	耐盐碱
10	水葱	莎草科	多年生	水下	>40	5~40	挺水植物	草本	秆/花	南北方	耐盐碱
11	再力花	竹芋科	多年生	水下	>40	10~50	挺水植物	草本	花	南方	耐盐碱
12	雨久花	雨久花科	多年生	水下	>40	5~30	挺水植物	草本	花	南北方	
13	纸莎草	莎草科	多年生	水下	>40	5~20	挺水植物	草本	茎秆/花序	南方	
14	慈姑	泽泻科	多年生	水下	>30	5~50	挺水植物	草本	叶	南北方	
15	泽泻	泽泻科	多年生	水下	>30	5~30	挺水植物	草本	叶、花	南北方	
16	黄花蔺	花蔺科	多年生	水下	>40	5~50	挺水植物	草本	叶	南方	
17	茭白	禾本科	多年生	水下	>40	5~35	挺水植物	草本	叶/花序	南北方	

续表

序号	植物名称	科	生长期	适用区	土深要求/cm	适宜水深/cm	生态习性（沉水/挺水/浮水/湿生）	生长特性（草本/木本）	观赏特性	适用地方	备注
18	香蒲	香蒲科	多年生	水下	>40	5~40	挺水植物	草本	叶/花序	南北方	耐盐碱
19	梭鱼草	雨久花科	多年生	水下	>40	5~30	挺水植物	草本	花	南方	耐盐碱
20	菖蒲	天南星科	多年生	水下/消落	>30	5~35	挺水植物	草本	花	南北方	耐盐碱
21	灯芯草	灯芯草科	多年生	水下/消落	>40	5~20	挺水/湿生植物	草本	茎秆	南北方	耐盐碱
22	红蓼	蓼科	一年生	水下/消落	>30	0~20	挺水/湿生植物	草本	花	南北方	
23	水芋	天南星科	多年生	水下/消落	>30	0~20	挺水/湿生植物	草本	叶	南北方	
24	鸢尾	鸢尾科	多年生	消落区	>30	0~35	挺水/湿生植物	草本	花	南北方	耐盐碱
25	千屈菜	千屈菜科	多年生	水下/消落	>30	0~35	挺水/湿生植物	草本	花	南北方	耐盐碱
26	旱伞草	莎草科	多年生	水下/消落	>40	0~30	挺水/湿生植物	草本	叶/花序	南方	耐盐碱
27	芦竹	禾本科	多年生	水下/消落	>50	0~30	挺水/湿生植物	草本	叶/花序	南北方	耐盐碱
28	花叶芦竹	禾本科	多年生	水下/消落	>50	0~30	挺水/湿生植物	草本	叶/花序	南北方	耐盐碱
29	美人蕉	美人蕉科	多年生	水上/消落	>40	0~20	挺水/湿生植物	草本	花	南北方	耐盐碱
30	蜘蛛兰	石蒜科	多年生	消落	>40	—	—	草本	花	南方	耐盐碱
31	蒲苇	禾本科	多年生	消落	>50	—	—	草本	叶/花序	南北方	耐盐碱
32	姜花	姜科	多年生	水上	>40	—	—	草本	花	南方	
33	萱草	百合科	多年生	水上	>40	—	—	草本	花	南北方	耐盐碱
34	马蔺	鸢尾科	多年生	水上	>40	—	—	草本	花	南北方	耐盐碱

续表

序号	植物名称	科	生长期	适用区	土深要求/cm	适宜水深/cm	生态习性(沉水/挺水/浮水/湿生)	生长特性(草本/木本)	观赏特性	适用地方	备注
35	翠芦莉	爵床科	多年生	水上	>40	—	—	草本	花	南方	耐盐碱
36	大花芦莉	爵床科	多年生	水上	>40	—	—	草本	花	南方	—
37	天门冬	百合科	多年生	水上	>40	—	—	草本	花	南方	耐盐碱
38	长春花	夹竹桃科	多年生	水上	>40	—	—	草本	花	南方	—
39	山菅兰	百合科	多年生	水上	>40	—	—	草本	叶	南方	耐盐碱
40	八宝景天	景天科	多年生	水上	>30	—	—	草本	花/叶	南北方	耐盐碱
41	费菜	景天科	多年生	水上	>30	—	—	草本	花/叶	南北方	耐盐碱
42	三角梅	紫茉莉科	多年生	水上	>40	—	—	木本	花	南方	—
43	黄蝉	夹竹桃科	多年生	水上	>40	—	—	木本	花	南方	汁液有毒
44	软枝黄蝉	夹竹桃科	多年生	水上	>40	—	—	木本	花	南方	汁液有毒
45	马缨丹	马鞭草科	多年生	水上	>30	—	—	木本	花	南方	茎叶果实有毒,耐盐碱
46	龙船花	茜草科	多年生	水上	>40	—	—	木本	花	南方	—
47	变叶木	大戟科	多年生	水上	>40	—	—	木本	叶	南方	—
48	福建茶	紫草科	多年生	水上	>40	—	—	木本	叶	南方	—
49	红花檵木	金缕梅科	多年生	水上	>40	—	—	木本	花/叶	南北方	耐盐碱
50	鸭脚木	五加科	多年生	水上	>40	—	—	木本	叶	南方	—
51	朱蕉	龙舌兰科	多年生	水上	>40	—	—	木本	叶	南方	—

续表

序号	植物名称	科	生长期	适用区	土深要求/cm	适宜水深/cm	生态习性(沉水/挺水/浮水/湿生)	生长特性(草本/木本)	观赏特性	适用地方	备注
52	炮仗竹	玄参科	多年生	水上	>40	—	—	木本	花/叶	南方	耐盐碱
53	连翘	木犀科	多年生	水上	>40	—	—	木本	花	南北方	—
54	迎春	木犀科	多年生	水上	>40	—	—	木本	花	南北方	—
55	黄素馨	木犀科	多年生	水上	>40	—	—	木本	花	南北方	—
56	大叶黄杨	黄杨科	多年生	水上	>40	—	—	木本	叶	南北方	—
57	小叶黄杨	黄杨科	多年生	水上	>40	—	—	木本	叶	南北方	—
58	金丝桃	藤黄科	多年生	水上	>40	—	—	木本	花	南北方	耐盐碱
59	金叶女贞	木犀科	多年生	水上	>40	—	—	木本	叶	南北方	耐盐碱
60	紫叶小檗	小檗科	多年生	水上	>40	—	—	木本	叶	南北方	耐盐碱
61	榆叶梅	蔷薇科	多年生	水上	>40	—	—	木本	花	南北方	耐盐碱
62	南天竹	小檗科	多年生	水上	>40	—	—	木本	叶	南北方	—
63	龟甲冬青	冬青科	多年生	水上	>40	—	—	木本	叶	南北方	耐盐碱
64	醉鱼草	马钱科	多年生	水上	>50	—	—	木本	花	南北方	耐盐碱
65	爬墙虎	葡萄科	多年生	水上	>40	—	—	木质藤本	叶	南方	耐盐碱
66	薜荔	桑科	多年生	水上	>40	—	—	木质藤本	叶	南北方	耐盐碱
67	五叶地锦	葡萄科	多年生	水上	>40	—	—	木质藤本	叶	南北方	耐盐碱
68	常春藤	五加科	多年生	水上	>50	—	—	木质藤本	叶	南北方	—
69	凌霄	紫葳科	多年生	水上	>50	—	—	木质藤本	花	南北方	耐盐碱

5.4　植物智能浇灌技术

应用于河道整治、灌渠改造、城市河涌治理等工程中的植绿生态挡墙，除了要求岸坡稳定，同时还要求具有生态功能。植绿生态挡墙的建设将水利工程的景观与环境生态景观相结合，可塑造绿色优美的河湖风景和工程景观，不仅实现了对河道的生态治理，还可满足人们在水边休闲娱乐的需求，弘扬了人水和谐，人与自然共进共荣的价值观。因此，植绿生态挡墙在涉水工程中的应用越来越多，但带来的问题是如何保持这些植物的生长，特别是岸坡上的植被，往往因为缺水造成枯萎，因此有必要研制一套基于太阳能的自动灌溉系统，以保障生态挡墙的景观。本章介绍的自动浇灌系统，也适用于其他生态挡墙。对于完全处于干地状态的种植槽，自动浇灌系统可参照《垂直绿化工程技术规程》(CJJ/T 236—2015)。

自动浇灌系统由太阳能供电系统、土壤墒情监测系统和自动浇灌控制系统组成。下面对各组成部分进行介绍。

5.4.1　太阳能供电系统

太阳能供电模块由单晶硅太阳能电池板、充放电智能控制器和铅酸蓄电池组成，其结构如图 5.4-1 所示。

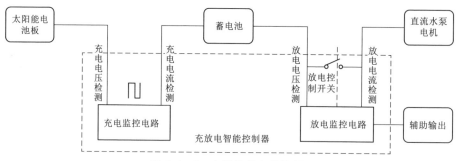

图 5.4-1　太阳能供电模块图

太阳能供电模块的主要应用于挡墙地理位置偏远无法获得其他供电途径下，利用太阳能电池板通过充放电智能控制器的充电监控电路对蓄电池进行充电并实现过冲保护，实现蓄电池电能对水泵电机和控制器的供电，利用充放电智能控制器的输出监控电路检测蓄电池的端电压和放电内阻，对蓄电池进行放电控制和过放保护，当蓄电池电压小于设计电压后，水泵驱动禁用，发送蓄电池充电不足信号，需要等太阳能充电到一定电能后自动转换到水泵驱动启用状态，清除蓄电池充电不足信号。

5.4.1.1　单晶硅太阳能电池板

太阳能电池板，即光伏电池，主要是用硅材料做成的，这个硅包括多晶硅、单晶硅和非晶硅。硅材料在地球中储量非常丰富，经过无尘加工可以制成晶体硅。当前光伏电池大多用单晶硅和多晶硅为材料，单晶硅光伏电池结构如图 5.4 - 2 所示。

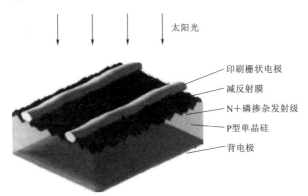

图 5.4 - 2　单晶硅光伏电池结构示意图

这是一种 N＋/P 型光伏电池，它的基体材料为 P 型单晶硅，该层掺杂了微量三价元素，厚度在 0.04mm 以下，上表面层为 N 型层，是受光层，该层掺杂了微量的五价元素。它和基体在交界面处形成一个 P - N 结。在上表面上印刷了栅状负极，而底层是金属正极；此外，在光伏电池朝光面上，加有一层可以减少对阳光反射的物质，它是一层很薄的天蓝色氧化硅薄膜，从而可以使光伏电池在一定面积内接受更多的阳光，在一定程度上可以提高光伏电池的转换效率和输出功率。

光伏电池的工作原理：对于半导体材料而言，当其中的 P - N 结处于平衡状态时，在 P - N 结处会形成一个空间电荷区也即耗尽层或阻挡层，构成由 N 区指向 P 区的内电场。当射光子的能量大于禁带宽度，即入射太阳光的能量大于硅禁带宽度的时候，太阳光子射入半导体内部，把电子从价带激发到导带，在价带中留下一个空穴，产生了一个电子和空穴对。因此，当能量大于禁带宽度的光子进入电池的空间电荷区时，会激发产生一定数量的电子和空穴。在空间电荷区中产生的电子和空穴，立即被内电场排斥到 P 区和 N 区，激发的电子被推向 N 区，激发的空穴被推向 P 区。最终使 N 区中获得了许多的电子，在 P 区中获得了许多的空穴，从而在 P - N 结两侧形成了与内电场方向相反的光生电动势，当接上负载后，电流就从 P 区经过负载流向 N 区，负载即获得功率。

5.4.1.2　太阳能电池板的选择与计算

目前，晶体硅材料是市场上最重要的光伏材料，可分为单晶硅太阳能电池和多晶硅太阳能电池板。单晶硅电池板的光电转换效率一般为 16％，最大可达 25％。是所有类型太阳能电池光电转换效率最高，而且还采用钢化玻璃和硅钢防水树脂封装，坚固耐用。而多晶硅电池板的光电转换效率则要低一些，一般在 13％左右，使用寿命也要比单晶硅电池板短。综合考虑，采集系统设计采用单晶硅太阳电池板。

已知变换器损失系数 η 为 5％，系统总功耗为 P，设计采集步长为每小时一次，系统全天工作时间（t）为 8h，则每天蓄电池耗电量 W 应为

$$W = \frac{pt}{1-\eta} \tag{5.4-1}$$

年平均日照时数 H 可按式（5.4-2）计算：

$$H = \frac{1.63Q_m}{365\varepsilon} \tag{5.4-2}$$

式中：Q_m 为当地年辐射总量，经过查阅气象部门提供的数据，广州地区一般取值 120kcal/cm²；ε 为 25℃、AM1.5 光谱时的辐照度，取 0.1W/cm²；1.63 为 Wh 与 kcal❶ 单位转化系数，单位 Wh/kcal。

因此，太阳能电池组件实际使用功率 P_m 可按式（5.4-3）计算：

$$P_m = \frac{W}{H} \tag{5.4-3}$$

在实际设计中，一般太阳能电池板输出充电电压应该大于蓄电池的工作电压 25％左右比较合适，因此，衡量利弊，最后采用功率为 100W、空载充电电压 17.5V、输出电流 5.71A、尺寸为 1200mm×550mm 的单晶硅太阳能电板。

5.4.1.3　蓄电池的选择和容量设计

为了保证系统在一年四季的气候条件下都能维持系统正常工作，因此，在选择太阳能储蓄电池时，电池需要满足放电性能好。同时作为太阳能电池板采集系统白天储存采集的能量，电池供电系统将长期处于边充电边放电的工作状态，故电池必须满足浮充特性，具有良好的充电特性。

如表 5.4-1 中，对几种常见的蓄电池特点进行了对比，并举例了他们各自的优点、缺点和用途。

在对各蓄电池综合比较之后，考虑野外工作环境，最后选择铅酸蓄电池作为储能电池。

由于太阳能电池根据光照强度的变化使得输入电量非常不稳定，所以太阳能电池组每日所产生电量首先储存到蓄电池内，再提供给负载。在白天，

---

❶　1kcal＝4186.8J。

太阳能供电系统一直处于边充电边放电的工作状态，因此必须选用具有性能良好的浮充式铅酸蓄电池作为储能元件。

表 5.4-1　　　　　　　　　　　各种类蓄电池特点对比

种　类	优　点	缺　点	用　途
铅酸蓄电池	价格低廉、放电功率大、高容量、原料简单	质量大、体积大、比能量低、污染环境、不便携带	内燃机汽车、电动车蓄电池
镍镉充电电池	寿命长、轻便、大功率放电稳定、成本较低、抗震	价格较贵、污染环境、比容量低、具有记忆效应	电动玩具、电动工具、移动随身听等
锂聚合物电池	安全性能好、比能量高、小型化、意形状、轻量化	大功率放电较差、价格贵	手机、笔记本电脑、磁卡内置电源等
锂离子电池	高电压、高能量、无污染、无记忆效应、比容量高、重量轻	价格贵、安全性能差、大功率放电较差	电动自行车、手机、笔记本电脑等
镍氢充电电池	寿命长、高容量、无记忆效应、大功率放点好、无污染、安全性高	价格较昂贵、比能量不低	移动设备、电动工具、笔记本电脑、混合动力汽车等

根据蓄电池通用规格设计实际选取容量为 100Ah，额定电压 12V 铅酸蓄电池，较标称多出 6.15Ah 保证一些短时未计入核算负载。将蓄电池充满电后输出电压为 14.5V，放电终止电压为 10.5V，因此蓄电池充、放电电压变化范围为 10.5～14.5V。

5.4.1.4　太阳能充放电智能控制器的选择

整个太阳能供电模块的中枢部分就太阳能充放电控制器，它决定了蓄电池对负载的电能输出效率以及太阳能电池板对蓄电池的充电效率，它的性能和设计水平直接影响系统的性能，甚至是蓄电池工作寿命和其他部件的维护成本。使用单片机可使充电工作做得简单而效率又高，本采集系统智能管理系统基于 STM8S003F3P6 单片机。

为了使得太阳能板对蓄电池的充电效率提升，利用该单片机的脉冲宽度调制（PWM）管脚驱动充电控制，当蓄电池充电电量达到 90% 左右，电池电量已经趋向饱满，此时 PWM 输出较小的智能控制充电脉冲时间，保护电池，使得蓄电池在充电阶段中更加稳定和安全，也有效地缩短对蓄电池的充电时间，让蓄电池真正从 0 到 100% 充电工作。

供电模块中蓄电池充电过程如下：当太阳能电池板接收到太阳光辐射输出功率，充电监控电路对太阳能电池板输出电压采样，当输出电压大于 10.5V 临界电压，智能控制器红灯亮起，控制器开始输出稳定充电电压，启动充电程序。随着充电进行，蓄电池两端输入电压也不断变高，状态指示灯逐渐变黄，显示着蓄电池容量状态变化。在对蓄电池充电的过程中，当电压信号采集时如果达到 13.8V 左右时，而且还可以稳定 60s，那控制器将对蓄电池的充电模式转变为浮充模式。当光照强度变强，电池两端电压也相应增加，充电电流的脉宽也就变窄，充电电流减小；当光照强度变弱，端电压下降时，占空比变宽充电电流增加。以这种方式，以 PWM 模式保持充电电池，当电压采集达到保护电压 14.5V 时，并可以稳定 60s，此时，控制器自动关闭充电过程，控制器指示灯变绿，意味着充电过程结束。

当蓄电池电压正常时，放电控制开关闭合，灌溉系统可以依据土壤墒情监测系统控制直流电机启停实现挡墙土壤湿度控制；由于连续阴天或者电机连续工作使蓄电池电压小于 10.5V 临界电压时，放电控制开关断开，水泵无法取得电源，此时充放电智能控制器充电状态显示报警，给灌溉控制器发送蓄电池充电不足信号，禁止驱动水泵电机；太阳能电池板充电使蓄电池电压提高，当输出电压超过 11.5V 时，智能控制器消除蓄电池报警信号，接通放电控制开关，发送蓄电池正常信号，灌溉控制器接收到正常信号后，可以驱动水泵电机实现挡墙土壤湿度自动控制。

5.4.2　土壤墒情监测系统

5.4.2.1　土壤墒情监测系统原理

土壤墒情监测，主要通过测定土壤水分，然后与土壤的田间持水量进行比较，判断土壤水分盈亏，从而做出是否进行灌溉的决策，因此是实现自动灌溉的关键技术。

研制的土壤墒情监测系统主要检测土壤湿度和土壤温度（后面称为土壤温湿度传感器），根据实际需求动态调整墒情参数的采集频率和向服务器发送数据，用户可以通过服务器进行查询、数据分析并提供控制建议方案。

5.4.2.2　土壤温湿度传感器的选择

为了提高土壤温湿度传感器的一致性和可靠性，经过比选，传感器采用山东建大仁科公司生产的土壤温湿度一体化数字传感器，其通过 RS-485 与测控系统单元进行连接，测控单元通过发送 Modbus 指令直接读取检测到土壤温湿度数字值，其主要性能指标见表 5.4-2。

表 5.4-2　　　　土壤温湿度一体化数字传感器性能指标

性能类型	指　　标
直流供电（默认）	DC5-30V
最大功耗	0.4W

续表

性能类型	指　标
精度	湿度（水分）：±3%（5%～95%，25℃）； 温度：±0.5℃（25℃）
变送器电路工作温度	−40～+60℃，0%～80%RH
温度量程	−40～+80℃
湿度（水分）量程	0～100%
温度显示分辨率	0.1℃
湿度（水分）显示分辨率	0.1%
温湿度刷新时间	1s
长期稳定性	湿度（水分）：≤1%/a；温度：≤0.1℃/a
响应时间	湿度（水分）：≤1s；温度：≤1s
输出信号	RS−485（Modbus−RTU 协议，默认地址码1，波特率4800，N，8，1）
安装方式	埋入式或插入式

选取型号为 RS−WS−N01−TR 的土壤温湿度一体化数字水分传感器（图 5.4−3），进行室内标定试验后，发现该传感器精度高，输出稳定，响应快；受土壤含盐量影响较小，适用于各种土质，并且可长期埋入土壤中，耐长期电解，耐电腐蚀，抽真空灌封，完全防水。

图 5.4−3　土壤温湿度一体化数字传感器

5.4.2.3　土壤墒情监测系统开发内容

土壤墒情监测系统开发涉及硬件连接和软件读取两个方面。

1. 土壤墒情传感器与测控模块的硬件接口电路设计

土壤墒情采用 RS−485 与测控模块连接，最大可同时连接 32 路传感器。其 RS−485 连接转换电路如图 5.4−4 所示。

2. 土壤墒情传感器与测控模块的软件读取设计

土壤墒情传感器支持 Modbus 协议，其数据帧格式为：

地址码：为传感器的 Modbus 地址，出厂默认 0x01。

功能码：传感器使用功能码 0x03（读取寄存器数据）。

数据区：土壤温湿度数据，16bits 数据高字节在前。

CRC 码：二字节的校验码。

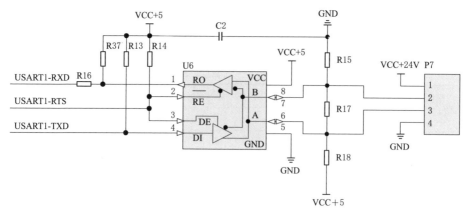

图 5.4-4　RS485 连接转换电路

寄存器地址定义：

0000H 湿度

0001H 温度

读取设备地址 0x01 的温湿度值指令格式：

测控模块读取指令：0x01 0x03 0x000x00 0x000x02 0xC4 0x0B

地址码功能码起始地址数据长度校验码

0x01　　　0x03　　　　0x00 0x000x00 0x02　　　0xC4 0x0B

传感器响应：

地址码功能码字节数湿度值温度值校验码

0x01　0x03　0x04　0x02 0x92　0xFF 0x9B　0x5A 0x3D

（当温度低于零度时以补码形式）

　　测控模块的软件定时发送参数读取指令，接收到传感器的响应信息后进行分类保存且简单处理，在服务器需要时，发送参数给服务器。

5.4.3　自动浇灌控制系统

5.4.3.1　自动浇灌控制系统的功能

　　自动浇灌控制系统功能包括以下 4 个方面：

　　（1）采集植绿生态挡墙土壤温湿度参数并进行处理。

　　（2）依据土壤温湿度要求，控制系统根据控制策略实现挡墙喷灌设备的启停。

　　（3）为了保证野外电池供电的可靠性，应检测电池工作状态。

　　（4）作业参数数据上传服务器并接收服务器控制策略的修正。

5.4.3.2　微处理器的资源分配及功能设计

　　为了降低自动浇灌控制系统的自身功耗和成本，采用基于单片机方式的控制方案，采用 STM32F103RBT6 单片机作为主控。微处理器的资源分配及功能设计如下：

（1）土壤温湿度传感器与微处理器串口 1 连接，依据微处理器的定时器 2 定时 1s 中断方式读取土壤温湿度。

（2）水泵控制通过微处理器基本 IO 输出控制水泵接触器线包 24V 电源，当 IO 输出高电平时，接触器线包得电，接触器接通，水泵供给 24V 电源开始工作，当 IO 输出低电平时，水泵停止工作。

（3）供电电池的可靠性检测是利用微处理器的 ADC 检测电池电压，当电池电压低于电池设计的最低电压时，为了保护电池，水泵工作被禁止，当电池电压高于设定值时，喷灌控制策略有效。

（4）数据服务器访问接口（可选），微处理器通过串口 3 与 4G DTU 设备连接，微处理器通过定时器 3 定时上传采集的温湿度参数和控制参数，并接收服务器控制策略的变更和优化。

自动浇灌控制系统微处理器电路如图 5.4-5 所示。

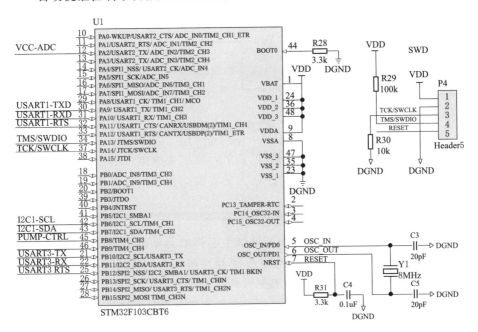

图 5.4-5　自动浇灌控制系统微处理器电路

自动浇灌控制系统水泵控制和电池电压检测电路如图 5.4-6 所示。

自动浇灌控制系统默认参数保存电路如图 5.4-7 所示。

5.4.3.3　自动浇灌控制系统程序设计

为了达到自动控制灌溉，进行了软件程序设计。当系统上电时，微处理

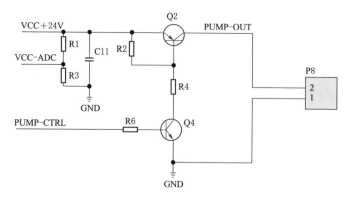

图 5.4－6　水泵控制和电池电压检测电路

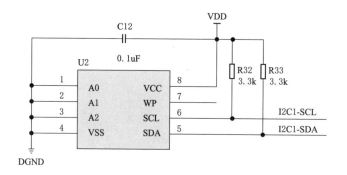

图 5.4－7　默认参数保存电路

器从存储器 24C64 中读取控制参数默认值，读取电源电压和土壤湿度值，通过微处理器内设定的控制策略及控制人机界面的设定，控制水泵的启动和停止，其流程如图 5.4－8 所示。

5.4.3.4　植绿生态挡墙自动浇灌控制系统

在理论研究的基础上，制作了植绿生态挡墙自动灌溉系统，该系统由 2 个 17.6V/100W 太阳能板（带充电控制器）和 2 个 12V/100AH 铅酸电池，组成太阳能供电模块，并制作了塑料板模型，如图 5.4－9 所示。

太阳能供电系统如图 5.4－10 所示，单片机及蓄电池封装在柜内。

整个系统如图 5.4－11 所示。本装置被遴选参加 2019 年中国创新创业成果交易会。

本系统由太阳能供电电源、充放电监控模块和自动灌溉功能模块组成。工作状态时，由太阳能板对蓄电池进行充电，蓄电池供电给控制器和 24V 直流电机。控制模式有自动和人工 2 种，当控制模式开关处于手动（人工操控）时，水泵的启动停止受手动启停开关控制，当开关处于 ON 时，水泵启动，

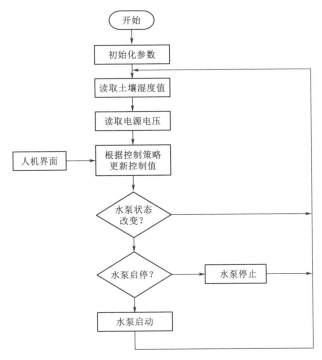

图 5.4 - 8　控制流程

图 5.4 - 9　植绿生态挡墙实体模型

图 5.4 - 10　植绿生态挡墙太阳能供电系统

图 5.4-11　基于太阳能的植绿生态挡墙自动灌溉装置

喷灌系统启动,当位于 OFF 时,水泵停止,相应的喷灌系统也停止。当控制模式开关位于自动时,可以实现湿度自动和定时自动控制,当模式处于湿度自动时,微处理器通过水分传感采集土壤湿度,通过连续数据采集处理和控制策略实现水泵的启动和停止;当模式处于定时自动时,根据当前实时时钟时间与设定时间比较,在设定时间内,水泵启动,否则停止,设计每天启动最多设置 4 次。

第6章

工 程 应 用

6.1 概述

本书围绕复杂植生环境河库岸坡生态建设难题，根据不同类型河库岸坡的生态治理及防护要求，开展了植生毯、特拉锚垫、植生混凝土、植绿生态挡墙等生态岸坡建设关键技术研究，取得了一系列原始创新和技术突破，主要成果如下：

（1）发明了保护河库岸坡免受水力侵蚀的特拉锚垫系统，创新了植生毯制备工艺，探明了特拉锚垫抗冲刷和防污染性能及植生毯的水力适用条件，构建了特拉锚垫和植生毯设计、施工、质量检测及验收等成套技术体系，并编制了应用技术标准，为特拉锚垫和植生毯生态护坡技术的推广应用奠定了坚实基础。

（2）探明了原材料用量及降碱法对植生混凝土强度与 pH 的影响机理，攻克了植生混凝土强度、孔隙率与碱度三者之间相互制约的技术难题，研发了较高强度、大孔隙率、低碱度的植生混凝土材料，创新了植生混凝土生产、施工、绿植工艺，形成了固化与绿化一体的河库生态岸坡植生混凝土成套技术，有力推动了植生混凝土应用技术进步。

（3）研发了阶梯式和锚固式植绿生态挡墙，提出了相应适用条件、分析计算方法以及设计、施工、验收等成套技术，研制了雨水收集、存储、净化及智能浇灌系统，编制了应用技术标准，有效地解决了新建及既有硬质护岸植绿生态建设技术难题。

本书相关成果在长江三峡库区相关岸坡生态建设工程，以及广州市欧阳支涌堤岸工程、广州市增城区中新镇城北涌整治工程、恩平市太平河治理工程、鹤山市水系连通及水美乡村建设工程、惠州市白花河防洪排涝治理工程、陆河县富梅河治理工程、湛江市坡头区官渡河治理工程、廉江市武陵河治理工程、湛江市隧溪县叉仔河治理工程、江西省上栗县城乡河道综合治理工程等数十宗河库岸坡整治工程中得到得到广泛的推广应用，为复杂植生条件下的河库岸坡生态建设提供了可靠的科技支撑，取得了显著的社会、经济和生态环境效益。

6.2　特拉锚垫和植生毯工程应用

6.2.1　特拉锚垫工程应用案例

6.2.1.1　重庆市广阳湾片区生态修复 EPC 工程

1. 项目背景

重庆市广阳湾地处长江滨水带，具有得天独厚的地理优势和自然资源，但尚未得到很好的保护与开发。随着近年来经济的快速发展，生态影响也快速显露。规划区内人为干扰较大且未进行合理的保护，使得土壤流失严重，植被破坏明显，生物多样性较低（图6.2-1）。

图 6.2-1　广阳湾消落带现状

广阳湾片区生态修复 EPC 工程位于重庆市南岸区。生态修复范围直线长度约为 9600m，宽度最窄为 17.5m，宽度最宽为 375m，共分为 4 个标段。第 Ⅰ 标段从 K0+180 到 K1+340，共计面积 479366m^2（约 47.94hm^2）；第 Ⅱ 标段从 K1+340 到 BK5+470，共计面积 630807m^2（约 63.08hm^2）；第 Ⅲ 标段从 BK5+470 到 BK7+760，共计面积 325978m^2（约 32.6hm^2）；第 Ⅳ 标段从 BK7+760 到 BK9+280，共计面积 199267m^2（约 19.93hm^2）。该项目岸坡长期受江水周期性涨落和江水冲刷淘蚀，在消落带产生塌岸、滑坡等岸坡失稳现象，特别是厚层土质岸坡极易产生塌岸。因此，选择经济合理、环保的岸坡防护方式，不仅能保证岸坡的稳定性，而且对长江沿线的生态恢复和保护能起到积极的作用。

恢复植被是最经济有效并可持续发展的水土保持方法。在易遭受间歇性的水淹，水位涨落或存在高速水流冲刷作用的区域，需要采用永久性的防护材料来增强植被抗冲刷能力。经技术经济比较，该项目最终选取特拉锚垫生态护坡系统对消落带进行生态修复。

2. 设计基本资料

设计基本资料包含了地理位置、水文气象特征、工程地质特性、设计流量等内容，主要通过网上查阅收集和设计方提供的部分资料两方面获取。

（1）地理位置。特拉锚垫生态护坡系统实施区域为广阳湾苦竹溪河口至河口场区域。

（2）水文气象特征。项目区处于四川盆地中亚热带季风湿润气候区中的盆地南部长江河谷区，属亚热带季风性湿润气候区。年平均气温为 18.5℃，最冷月 1 月年平均气温为 8.0℃，最热月 7 月年平均气温为 28.3℃。极端最低温度为－1.8℃（1975 年 12 月 15 日），极端最高温度达 43.9℃（2006 年 8 月 15 日）。年平均降水量为 1079.2mm，降水主要集中在 5—10 月，此期间降水量占全年降水量的 77% 以上。巴南主要气候特点是：四季分明、冬暖春早、夏热秋迟、降水充沛、雨热同季、湿度大、云雾多、光照和霜雪少。初夏有梅雨，盛夏有伏旱，秋季多绵雨，冬季多云雾，春季天气多变化。气候资源丰富，立体气候明显，气象灾害频繁。

项目区为亚热带季风性湿润气候，受太阳辐射、地理纬度、地形地貌、大气环流等因素影响所形成。北纬 29°覆盖全境，太阳辐射量适度，纬度地理位置和高山屏障效应削减冷空气入侵，年平均温度比同纬度长江中下游偏高，形成冬暖春早、夏热秋迟、四季分明、霜雪少气候特征。北纬 29°纬度带是冷暖空气交会频数较高地区，为多降水和冰雹、雷暴、大风等气候背景，春、秋季和初夏表现最突出。冬、春、秋三季，上空主要受大气环流南支气流反时针气旋性气流影响，多低值天气系统活动，水汽生成丰富，造成云雾多、光照少、多夜雨气候特征。夏季受副热带西太平洋高气压影响，每年 5—9 月，高气压南北活动、东西震荡，常引发暴雨、雷雨大风冰雹等强对流天气，其间 7—8 月高气压易较长时间停留盘踞，高温闷热，连晴少雨，形成伏旱气候。境内受地质构造，地层控制，发育成为与构造走向一致的低山、丘陵、平坝相间排列的平行岭谷地貌，丘陵占总幅员面积的 62.27%，南北海拔高差 978m，降水和植被丰富，立体气候特征明显。

（3）工程地质特性。从工程地质测绘和地质钻探结果来看，本工程主要地处长江河谷侵蚀、堆积地貌和丘陵地貌区，地貌形态较简单，无区域性断裂通过，水文地质情况相对简单，上覆土层主要为第四系全新统人工填土层（Q₄ᵐˡ）、残坡积层粉质黏土（Qᵉˡ⁺ᵖˡ）、河流冲洪积（Qᵃᵖˡ），下伏基岩为侏罗系上统遂宁组（J₃s）、侏罗系中统沙溪庙组（J₂s）砂质泥岩和岩。

1）第四系全新统人工填土。素填土，浅灰色、紫褐色，松散—稍密，稍湿，以黏性土夹砂岩、泥岩碎（块）石为主，块石含量20%～40%，粒径200～1000mm块石含量10%～30%，块、碎石含量比例与深度、部位等无联系呈随机分布状。

2）残坡积层粉质黏土。粉质黏土，灰褐色，可塑，无摇振反应，干强度中等，韧性中等，主要分布于本工程东岸沿线，一般厚为0.3～2.1m，偶见夹碎块石。

3）第四系全新统河流冲洪积层。粉质黏土，浅黄色，软塑—可塑，干强度中等，韧性中等，刀削面较光滑，无摇振反应，局部含砂质多，厚度为3.431.1m，局部下部可见砂卵石层胶结或半胶结成"江北砾石层"。

4）粉细砂，黄褐色、灰色，很湿稍密，主要成分为沙粒、黏粒，偶有漂石、泥块，该层与粉质黏土交错出现，厚度变化大。

（4）防洪标准。100年一遇洪水位为189.10m，50年一遇洪水位为187.40m，20年一遇洪水位为185.00m，10年一遇洪水位为183.00m，5年一遇洪水位为181.20m，库正常蓄水位为175.00m。

3. 方案设计

特拉锚垫生态护坡系统是由特拉锚和草皮增强垫组成，是一项生态护坡建设的创新技术。特拉锚是一种具有自锁功能的锚固结构，能够将草皮增强垫锚固在浅层土体上。草皮增强垫是稳定、精确、高强度的开放三维矩阵结构，有利于坡面建植。通过特拉锚和草皮增强垫共同作用，能有效地防止岸坡的侵蚀，为岸坡植被生长创造了条件；该系统能通过保护植物根茎，增强边坡抗冲刷能力和减少植物的抗冲蚀疲劳；将植被措施与工程措施有机结合，进行岸坡生态治理。以下将对上述组成设计进一步阐述。

（1）原地面清理。施工前人工将施工区域内的块石、杂物清理干净，保证坡面平顺，防止坡面存在硬物和尖锐物破坏辅助层。

（2）开挖锚固沟。根据测量放线位置开挖坡顶锚固沟，开挖过程的土体统一堆置于远离岸坡一侧，防止土体沿坡面滑落、坍塌。

（3）坡顶锚固沟内固定。拔出临时固定的固定钉，拍平整理面层，使其与锚固沟边缘贴合。采用特拉锚固定面层，锚固深度按照设计要求；锚固完成后，锚固沟采用黏性土夯实，夯实度85%，黏性土内需夹30%的碎石。

（4）铺设面层。由上至下铺设草皮增强垫，从锚固沟位置开始摊铺面层，锚固沟内采用固定钉进行临时固定；沿坡面放卷摊铺，铺设方向垂直于水流方向，幅与幅之间搭接宽度 20cm；坡上幅需要压住坡下幅；沿水流方向上游方向面层压住下游方向，当地面下坡方向与水流方向相反时，按坡上幅压下幅施工。不够整幅部分需要进行搭接使用时，采用同样搭接方式。相邻网垫需要错缝搭接，相邻搭接缝距离不小于 0.5m。

（5）锚固。根据设计图纸间距要求布置特拉锚，先采用石灰打点标记再逐个锚固。

（6）张拉。将钢钎头置于特拉锚锚头的圆筒中，采用手动或气动方式，将锚头锚入设计深度，并取出钢钎。将锚索顶端套入加载板，采用拉拔器进行张拉，使锚头旋转固定即可；试验前可在旁边类似场地进行张拉试验，在满足张拉力的前提下，保证锚头旋转固定又不将锚头拉出。通过张紧力测定，或张拉距离控制，获得张拉控制方法，并与图纸内容进行复核，若测试方法与图纸有冲突，请及时联系各方进行现场沟通确认。用钢丝钳截断多余的锚索，保证余留的锚索低于周边固定荷载板。特拉锚施工中，锚头采用拉拔器张拉，再固定荷载板。荷载板需紧密贴合地面。必要时采用手锤辅助将其紧密固定在地面。

（7）种子混播特拉锚垫用牛筋草、狗牙根、块茎苔草、扁穗牛鞭草和双穗雀稗种子混播，草种比例为 3∶3∶2∶1∶1，播种密度为 35～40g/m²；50kg 种子混合 50kg 复合肥再撒播，需保证撒播均匀。

根据上述方案，施工图纸由设计方给出，如图 6.2-2～图 6.2-6 所示。

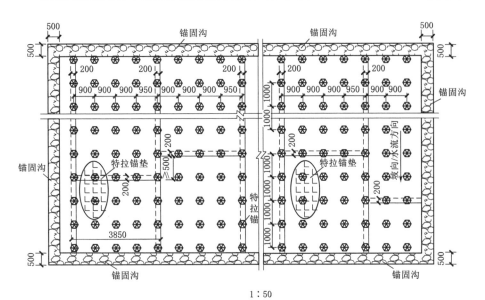

1∶50

图 6.2-2　特拉锚垫平面布置图

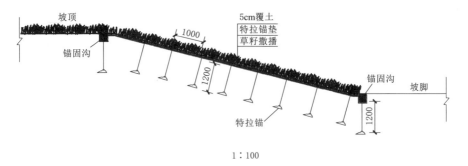

图 6.2 - 3　特拉锚垫系统横断面图

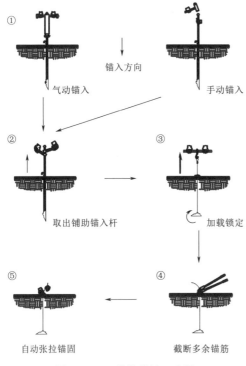

图 6.2 - 4　特拉锚施工步骤

4. 施工组织设计

特拉锚垫生态护坡系统施工流程为：坡面平整→测量放线→坡顶锚固沟开挖→锚固沟内草皮增强垫临时固定→摊铺草皮增强垫→特拉锚及特拉钉锚固→锚固沟回填→坡面建植。

（1）坡面平整。根据设计要求完成坡面平整及验收工作。

（2）测量放线。根据设计图纸，放线定位，确定施工区域和范围，标定锚固沟位置，确定开挖线位置，测量相应坡面长度。

（3）坡顶锚固沟开挖。根据测量放线位置开挖坡顶锚固沟，锚固沟的尺寸为 50cm×50cm。开挖过程的土体统一堆置于远离岸坡一侧，防止土体沿坡面滑落。

（4）锚固沟内草皮增强垫临时固定。将草皮增强垫一边采用 U 形钉固定在坡顶锚固沟内，从锚固沟位置开始摊铺草皮增强垫。

（5）摊铺草皮增强垫。草皮增强垫铺设时，坡面纵向应按照上幅压下幅的方式搭接；在临水工程中，顺水流方向应按照上幅压下幅的方式搭接。草皮增强垫铺设搭接宽度不宜小于 15cm，在临水工程中，顺水流方向搭接宽度可根据水流条件、土质条件等适当增加。

草皮增强垫铺设时应整幅张拉平整、紧贴坡面，不得褶皱、悬空。草皮

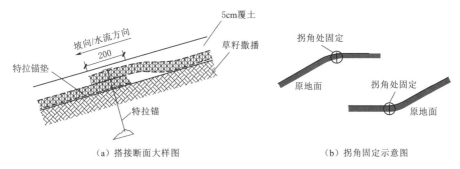

（a）搭接断面大样图　　　　　　（b）拐角固定示意图

图 6.2-5　搭接大样图

增强垫铺设完毕，未锚固前，应在边角处每隔 2～5m 采用 U 形钉临时固定，防止草皮增强垫被风刮起，如图 6.2-7～图 6.2-9 所示。

（6）特拉锚及特拉钉锚固。对使用特拉锚锚固的位置进行标记，从上到下、由中到边的顺序进行锚固施工。单幅施工完成后，应及时移除临时固定措施。

特拉锚安装施工按以下工序进行：

1）将驱动杆插入特拉锚锚头，并与坡面垂直放置。

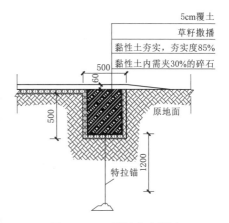

图 6.2-6　锚固沟大样图

图 6.2-7　消落带坡面平整及锚固沟开挖

2）将带有锚头的驱动杆打入土层至设计深度。

3）拔出驱动杆。

4）将锚盘穿在锚索上，由顶部端头滑向地面，与地面平齐。最后采用拉

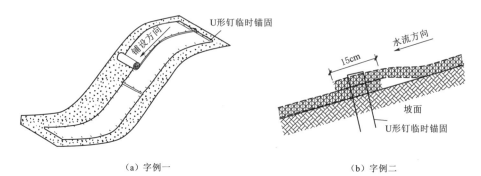

（a）字例一   （b）字例二

图 6.2-8　草皮增强垫铺设简图

图 6.2-9　草皮增强垫铺设

拔器将特拉锚拉紧锚固。

特拉锚拉紧锚固应按要求控制张拉行程，张拉行程控制指标详见表 6.2-1、表 6.2-2。

表 6.2-1　　　　　　　　砂土特拉锚张拉行程控制表　　　　　　　　单位：cm

砂性土状态	最小张拉行程	最大张拉行程
稍松（$0.22 \leqslant Dr < 0.33$）	10	15
中密（$0.33 \leqslant Dr < 0.67$）	8	12
密实（$Dr \geqslant 0.67$）	5	8

注　Dr 为相对密度。

表 6.2－2 黏土特拉锚张拉行程控制表 单位：cm

黏 性 土 状 态	最小张拉行程	最大张拉行程
软塑（$0.75 < I_L \leqslant 1$）	10	12
可塑（$0.25 < I_L \leqslant 0.75$）	8	10
硬塑（$0 < I_L \leqslant 0.25$）	5	8
坚硬（$I_L \leqslant 0$）	3	5

注 I_L 为液性指数。

特拉锚锚固现场施工如图 6.2－10 所示。

图 6.2－10 特拉锚锚固现场施工

（7）锚固沟回填。草皮增强垫铺设区域边缘宜设置锚固沟，沟底宽度及深度均不宜小于 500mm；草皮增强垫埋入时应紧贴沟壁和沟底；锚固沟宜采用无黏性土回填，回填土的相对密实度应不小于 90%。

（8）坡面建植。采用液力喷播方式建植，植被种类可选用牛筋草、狗牙根、块茎苔草、扁穗牛鞭草和双穗雀稗种子混播，草种比例为 3∶3∶2∶1∶1，播种密度为 35～40g/m²。

6.2.1.2 重庆市万州区大周溪上游庄子河治理工程

1. 工程概况

万州区大周溪上游庄子河位于万州区熊家镇，工程综合治理河道总长 8.97km，保护沿线场镇人口 2.42 万人，农田 500 亩。通过对大周溪上游庄子河水环境综合治理，提高河道行洪安全和改善水环境，是以场镇防洪为主，兼且美化环境，提升居民生活质量等综合利用的工程。

2. 设计成果及施工情况

进入施工图阶段后，各参建方多次共同踏勘了现场，为提高河道缓冲带坡面建植率，增强流域水体净化能力，将原设计混凝土植生块调整为特拉锚垫。特拉锚垫护坡除具有相当耐久性和稳定性以外，还能控制岸坡侵蚀和防护岸坡，同时更具备生态功能，能为生态系统向自然状态演化创造基础条件，如图 6.2-11 所示。

图 6.2-11　万州区大周溪上游庄子河治理工程施工现场

6.2.1.3　特拉锚垫在其他工程的应用

除了广阳湾片区生态修复 EPC 工程中应用外，特拉锚垫生态护坡系统还在在长江航道武汉至安庆段 6m 水深整治工程、三峡库区消落带生态修复创新技术集成示范段——大昌巫山项目、扬州市空港新城影视文旅产业基地片区开发建设 PPP 项目、西藏巨龙铜业矿山环境保护和生态修复项目、西藏驱龙铜矿业生态修复工程、重庆市庄子河水环境综合治理工程等 10 余个项目中进行推广应用（图 6.2-12～图 6.2-14），累计治理面积共计 20 万 m² 以上。工程实施后，坡面水土流失情况得到明显改善，草皮增强垫的促淤功能促使泥沙淤积，为植被地生长发育提供一定的基础，草本植物开始逐渐发育并开始向周边蔓延，植被群落逐渐成型，经过多年的生长发育后，植被的根系相互连接，形成牢固的整体，有效地防止水流对河岸的冲刷。

图 6.2-12　扬州市空港新城影视文旅产业基地生态护坡

(a)　　　　　　　　　　　　　(b)

图 6.2-13　广阳湾片区生态修复 EPC 工程生态护坡

(a) 治理前

(b) 治理后

图 6.2-14　栾卢高速生态护坡工程

6.2.1.4　特拉锚垫生态系统应用总体评价

1. 经济效益

针对典型土质岸坡区段，设计阶段采用雷诺护垫与特拉锚垫系统形式进行对比，传统的雷诺护垫护坡技术，雷诺护垫（30cm 厚）预算价为 520 元/m²，调整为特拉锚垫生态护坡后，特拉锚垫生态护坡系统成本为 390 元/m²。两者相比较，新技术每平方米投资节约了工程造价 130 元，工程造价节约幅度为 25%。

由于项目施工区位于长江消落带，施工机械无法到达，采用传统的雷诺护垫护坡施工需要大量的人力搬运材料，且施工工期较长，无法满足建设任务的要求，特拉锚垫生态护坡系统为轻质护岸系统，采用装配式施工，所需建筑材料较少，可节省 80% 以上的人工，且施工方便快捷，节省工程工期 3 个月以上。

2. 生态效益

消落带生态修复项目的本质——通过有效的工程措施，切断生态退化的主因，并辅以人工措施，使遭到破坏的岸坡生态系统可持续演变和修复，向良性循环方向发展。因此岸坡的生态治理措施同时需要具备生态功能。

传统的雷诺护垫以及植生型混凝土砌块由于结构本身特点，具备良好的工程性能，可以有效防止水流、涌浪、船行波的侵蚀，但是植被的覆盖率有限，生态功能不完全。基于消落带岸坡生态治理特征研发的特拉锚垫系统环境融合度更高。

首先，位于结构面层的草皮增强垫层自身为绿色，在植被生长缓慢的岸坡条件下，能快速与周边环境融合。

其次，特拉锚垫系统中的植被成坪后可有效降低泥沙冲刷 90% 以上，极大程度上保持泥沙稳定，减少冲刷，减少河道淤积。

再者，特拉锚垫系统结构面为立体开放矩阵式结构，在植物生长萌芽初期提供防护，提高植被的抗冲蚀疲劳性能，有利于植被建植；结构面的立体网状结构可以实现植被覆盖率 100%，能充分发挥结构的生态作用，有效地解决消落带生态功能薄弱、河道水质水体污染等问题。

雷诺护垫结构中石笼结构由于块石填充，植被生长空间有限，最终能有效建植率约可达 20%；特拉锚垫系统可实现植被的完全建植，植被的根系覆盖率能达到 100%。

3. 社会效益

工程实施后，通过特拉锚和草皮增强垫共同作用，能有效地防止岸坡的侵蚀，为岸坡植被生长创造了条件；该系统能通过保护植物根茎，增强边坡抗冲刷能力和减少植物的抗冲蚀疲劳；将植被措施与工程措施有机结合，进行岸坡生态治理。同时减小因暴雨冲刷以及洪涝灾害导致的边坡垮塌的风险，造福沿岸人民，提高生活质量，有利于促进当地社会经济及其他各项事业的可持续发展，可以说是一项社会公益性质的水利工程。

6.2.2 植生毯工程应用案例

以广东省山区五市中小河流治理项目浈江干流治理工程为例。

应用单位：韶关市水利水电勘测设计咨询有限公司，2017 年。来源《广东省山区五市中小河流治理南雄市 2018 年项目浈江干流治理工程（二）（坪地山至头渡段）初步设计报告》。

1. 工程概况

浈江为北江的上游段，发源于江西省信丰县石碣，至韶关市沙洲尾与武江汇合后称北江。浈江全长为 211km，流域面积为 7554km²，河面宽度为 60～200m，河床平均比降为 0.617‰。南雄市浈江干流治理工程（坪地山至头渡段）属于广东省山区五市中小河流治理项目，涉及南雄市的水口镇、湖口镇、黄坑镇及乌迳镇。

该治理河段共分为两段治理，分述如下：

（1）浈水下游段（坪地山至头渡段），治理范围包含水口镇头渡村及湖口镇积塔村，下游起自头渡村河坪一级电站尾水处，上游终至头渡村木水坝处，河中桩号为 K0＋000～K4＋400，治理河道长 4.4km²。

（2）浈水上游段（坪地山至头渡段），下游起自水口镇篛过村水西坝村小组，上游终至乌迳镇新田村，河中桩号为 K11＋400～K31＋300，治理河道长 19.9km。

2. 设计成果

南雄市浈江干流治理工程（坪地山至头渡段）护坡方案共进行了 6 种方案的对比（表 6.2－3），经综合分析对比后，选用草皮护坡、植生毯护坡和植草砖护坡 3 种方案，其中植生毯护坡主要用于部分顺直岸段，其设计断面示意如图 6.2－15 所示。

表 6.2－3　　　　　　　　护 坡 方 案 比 选 表

护坡方案	每平方米造价（同厚度）/（元／m²）	耐久性及抗冲刷能力	生态性	工程施工	适用范围	比较结论
方案一：草皮护坡	13	耐久性差、抗冲刷能力弱	一般	施工方便	适用于顺直段、投资不受限	推荐方案
方案二：植生毯护坡	40	耐久性一般、抗冲刷能力弱	好	施工较方便	适用于顺直段、投资受限	推荐方案
方案三：植草砖护坡	110	耐久性较好、抗冲刷能力较好	较好	施工略困难	适用于迎流顶冲段、景观段	推荐方案

续表

护坡方案	每平方米造价（同厚度）/(元/m²)	耐久性及抗冲刷能力	生态性	工程施工	适用范围	比较结论
方案四：混凝土护坡	80	耐久性好、整体性好、抗冲刷能力强	差	施工略困难	适用于迎流顶冲段，投资受限	比较方案
方案五：麻筋水保抗冲椰垫护坡	45	耐久性差、抗冲刷能力弱	好	施工较方便	适用于顺直段、投资受限	比较方案
方案六：浆砌卵石护坡	70	耐久性较好、抗冲刷能力较好	一般	施工略困难	适用于迎流顶冲段及河中卵石较多河段	比较方案

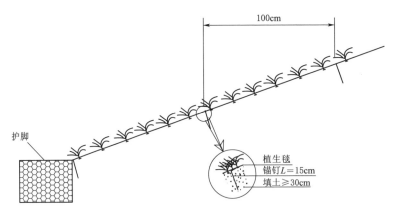

图 6.2-15　植生毯护坡设计断面示意

3. 实施效果

南雄市浈江干流治理工程（坪地山至头渡段）植生毯护坡于 2017 年底开始施工，图 6.2-16 是植生毯施工后不同阶段的实施效果，从图中可以看出，该治理工程采用植生毯护坡实施效果良好，充分说明植生毯在中小河流治理工程中值得进一步推广应用。

与传统直播种草或草皮移植相比，植生毯有其独特的优势和特点。植生毯通过种子发芽生长后形成的稳定生长基础，可为后续本地植物群落的生长繁殖创造良好条件。中小河流治理中护岸工程占了较大的工程量，考虑到植生毯施工便利快捷、抗冲能力强、绿化效果好等特点，在中小河流治理工程中，可推广应用植生毯生态护坡技术，实现"河畅、水清、堤固、岸绿、景美"的治理目标。

（a）施工40d后　　　　　（b）施工100d后　　　　　（c）施工1年后

图 6.2-16　南雄市浈江干流治理工程（坪地山至头渡段）植生毯实施效果

6.3　植生混凝土工程应用

6.3.1　典型应用案例

6.3.1.1　工程概况

1. 背景与选址

广州市增城区中新镇城北涌整治工程项目。

本工程选址位于广州市增城区中新镇，其地处增城中西部地区，北与从化区毗邻，南近新塘镇国家级经济技术开发区，西距广州市中心约38km，东离增城区中心仅18km。目前有关政府部门正大力推行旧城、旧村、旧厂改造和市政基础设施建设项目，发展前景十分广阔。

西福河作为增城西部地区最大的河流，全长约58km，其中分属增城区境内的流域面积为446.25km²，超过流域总面积的70%，途经中新镇、仙村镇、石滩镇、朱村等地，最终汇入东江。然而，在中新镇片区一带多为丘陵地貌，附近村落较多且人员密集，堤防设施尚未完善健全，拥有拦洪蓄水功能的金坑水库离镇区也有着15~20km的距离，所能控制的集雨面积有限，每当汛期来临该片区"水浸街"的现象层出不穷。据相关文献报道，2017年5月7日，广州增城、黄埔、花都等地受到特大暴雨的侵袭，其中西福河流域覆盖范围内的中新镇、新塘镇、永宁街险情严峻，受浸路段最深超过2m，部分山体甚至出现滑坡和垮塌。广州市气象观测中心在新塘镇统计出1h降雨量竟高达184.4mm，跻身广东省小时降雨量排行前列。本次灾情中受困人数超过2000人，经济损失严重，所幸没有造成人员伤亡。

针对此次事件，广州市人民政府在2017年11月出台相关政策文件，其中一项便为《广州市防洪排涝工程建设补短板行动方案》（2017—2021年）。方案指出，截至2021年年底，全市水库达标率需要在目前基础上提升21%；堤防达标率由75%进一步提高到80%以上，而北部山区堤防达标率至少维持在75%甚至更高；遇到每小时雨量不大于54mm的暴雨可通过市政排水管网设施迅速将雨水收集，缓解主要城镇街道的内涝问题。同时，增城区中新镇人民政府也积极响应市政府号召，组织设计单位、施工单位、监理单位、质量与安全监督站等联合开展广州市增城区中新镇白苏塘陂改闸工程、城南涌出口管涵改闸工程、城南涌军区农场管涵扩建、城南涌整治工程、城北涌整治工程、增城区中新镇吓迳泵站重建工程、莲塘泵站重建工程、坑背电排站重建工程、坑贝水桥梁整治工程、坑贝陂重建工程、金坑河桥梁陂头整治工程、金坑河"三清一护"工程等一系列专项整治项目。

目前，中新镇泄洪排涝主要由城北涌和城南涌两条排水通道承担，而城北涌集水面积达到7.68km²，占中新镇城区总排涝面积的60%以上，其重要性不言而喻。河道总长为3.58km，平均坡降约2.7‰，城北涌整治工程中针对城北涌河口往上游0.82km河道进行整治。

考虑到利用植生混凝土生态护坡技术对白苏塘陂闸下游河岸进行加固的原因主要有两方面：其一，白苏塘陂位于城北涌河口上游桩号为CB0＋358.89的位置，白苏塘陂闸往下游的河床过流断面较窄，局部河段弯道大，岸脚泥土裸露，在水流不断的冲刷作用下，岸土容易被带走造成底部被掏空的现象，久而久之整个岸坡都有垮塌的危险，存在极大的安全隐患，因此本工程需要对桩号为CB0＋269.00～CB0＋358.89冲刷较为严重的一段进行两岸固脚护坡处理。其二，城北涌整治河段从白苏塘陂闸往下游河段的两岸多为荒地和原始果林，坡面较为平缓且为土质边坡，相比上游连接至镇区的河段而言，用地条件更加充裕。

图6.3-1 中新镇白苏塘陂闸下游河段

同时为了尽可能维持当地的原始生态，避免对周围环境造成二次破坏，保证长期的绿化景观效果，该工程放弃采用传统的植草砖形式，选择浆砌石挡墙固脚＋植生混凝土生态护坡的坡式护岸型式。施工前白苏塘陂闸下游河段情况如图6.3-1所示。

2. 设计基本资料

设计基本资料包含了地理位置、水文气象特征、工程地质特性、设计流量、建筑材料等内容，主要通过网上查阅收集和设计方提供的部分资料两方面获取。

（1）地理位置。植生混凝土生态护坡工程位于广东省广州市增城区中新镇，分属城北涌白苏塘陂闸下游河岸改造项目，详细方位为东经 113°63′42.52″，北纬 23°29′81.14″。

（2）水文气象特征。施工标段地处中国南部低纬度地区，属南亚热带海洋性季风气候，最近的气象观测点为荔城站和金坑雨量测站，拥有全套的仪器设备和相应的雨量观测影像、书籍资料。据气象站统计，中新镇地区常年平均气温在 20℃ 以上，冬季平均气温为 12.1℃，夏季平均气温高达 28.5℃。极端天气下，最低气温不低于 −4.5℃，最高气温不高于 38.2℃。

流域上游是广州市的暴雨区，地形上由于多山环绕，南临海洋，在气流的抬升作用下常带来强度大、历时长的特大暴雨，其中金坑雨量站在 1985 年 7 月 2 日录得年最大 24h 雨量为 386mm。总体而言，全年降雨量比较集中，白苏塘陂闸下游河段年平均雨量超过 1500mm，其中春夏季的降雨量超过年降水总量的 7 成，主要以换季雨和台风雨为主，同时年平均相对湿度大于 80%，形成春夏季高温潮湿，秋冬季少雨不严寒的气候规律。

风向上呈现春夏季吹东南风，秋冬季吹西北风的特点，年平均风速约为 2.5m/s，刮台风或大风条件下最大风速超过 15m/s。

（3）工程地质特性。从工程地质测绘和地质钻探结果来看，城北涌河道流量较大，原始植被分布在两岸周围，附近多以工业厂房、农田、鱼塘、林地为主，不远处有一条省级干线公路，运输建筑材料、器械等较为便利。

河道两岸地层结构分布由上到下简述如下：

Ⅰ层人工填土：呈灰黄色，松散状。主要成分以黏性土、碎石块、生活垃圾、废弃物等组成，固结程度低，结构紊乱无规律，空隙占比较多，透水性大。土层厚度在 0.50~3.20m，层底高程为 10.47~17.31m，建议该层承载力特征值取 $f_{ak}=70$kPa。

Ⅱ层粉质黏土：呈灰褐色，可塑状。土质总体上比较均匀，只掺杂了部分石英质中砂颗粒，黏性很高，干强度一般。该层厚度预估 4.10~5.50m，层底高程为 7.48~13.21m，建议该层承载力特征值取 $f_{ak}=150$kPa。

Ⅲ-1层粉质黏土：表观色泽为红褐、黄红褐杂色，同样具有可塑性。该层主要以粉粒、黏粒为主，普通沙粒含量为 10%~20%，纵横截面粗糙而不平滑。层厚为 3.80~4.14m，层底高程为 6.67~7.51m，建议该层承载力特征值取 $f_{ak}=150$kPa。

Ⅲ-2层中砂：浅灰色，饱和，略紧密，主要成分为次棱角状石英砂，局部夹粉细砂薄层，级配有部分断档。层厚 1.30~1.89m，层底高程为 5.37~

6.25m，建议该层承载力特征值取 $f_{ak}=110kPa$。

Ⅳ层砂质黏性土：呈褐杂色，有一定的可塑性。岩芯一般为土柱状，成分主要有母岩风化残留石英颗粒及黏粒、粉粒，含粒径大于 2mm 石英、长石颗粒为 10%～20%，黏性较差，遇水易软化、崩解，土层厚度为 2.70～8.70m，层底高程为 2.67～4.51m，建议该层承载力特征值取 $f_{ak}=170kPa$。

Ⅴ层全风化花岗岩：表观色泽为灰褐、棕褐色，母岩结构已被完全破坏，岩芯呈坚硬土状，残余强度低，浸水反应快，易软化和崩解，土质均匀性较差，含少量强风化母岩碎屑和颗粒。岩层厚度 4.20～5.90m，层底高程为 -1.53～-1.52m，建议该层承载力特征值取 $f_{ak}=300kPa$。

询问当地相关部门发现，河道两岸表层土曾在 20 世纪 90 年代初期填埋了大量生活垃圾和工业废弃物，导致Ⅰ层人工填土层掺杂许多塑料、布料、橡胶、玻璃等物质，在汛期来临存在一定的渗漏隐患，此类填土一般不作为工程开挖回填用途。通过计算地基承载力可知，Ⅲ-1 层粉质黏土能满足浆砌石挡墙固脚的承载要求，其基础底部可埋设于该层土壤下一定深度。

（4）设计流量。按照洪水频率 $P=5\%$，集雨面积 $7.68km^2$，坡降 2.7‰进行设计，求得洪峰流量为 $66.58m^3/s$。

（5）建筑材料。砂料取自增江，暂堆放于增城市荔城街富鹏派出所路口，临近省道 S256，通过广汕公路将砂料运送至施工地段，交通较便捷，二者相距约 20km。

石料包含天然骨料与再生骨料。其中再生骨料是由增城区旧城改造中拆卸的混凝土块经破碎、除杂、清洗、筛分等一系列加工后所得，物理力学性质满足国家规范要求，经检测合格后运送进场使用。工程用天然骨料母岩为花岗岩，呈微弱风化，岩石强度高且岩质坚硬，由中新镇九和村的广州市太真石场负责破碎，并筛分出符合相关规格的粒径。省道 S118 位于石料场附近，与施工段距离仅有 8km。

工程施工段未设有土料场，所用土料均挖取Ⅱ层粉质黏土或Ⅲ-1 层粉质黏土，其黏性较强，土质均匀且杂质少。

3. 工程等级和标准

中新镇常驻户籍人口超过 10 万人，2015 年全镇完成工业总产值 149.83 亿元，人均 GDP14.27 万元。本次植生混凝土生态护坡的目的在于保护河段沿岸镇区人民的财产生命安全，缓解雨季水流排放压力，减少城镇区内涝积水的现象，同时美化环境，满足人们亲水性的需求，赋予新时代"绿色"气息。

根据国家规范《水利水电工程等级划分及洪水标准》（SL 252—2017），确定中新镇城北涌整治工程总体规模为Ⅳ等小（1）型，主要建筑物等级为 3 级，次要建筑物等级为 4 级，临时建筑物等级为 5 级。

根据国家规范《中国地震动参数区划图》（GB 18306—2015），增城区地震动峰值加速度为 0.05g，相应地震基本烈度为Ⅵ度，施工场区地震活动较弱，为Ⅱ～Ⅲ类，基本地震动加速度反应谱特征周期为 0.35s，考虑到该区域基本不受地震作用的影响，故抗震设计不做要求。

中新镇城北涌专项工程按 20 年一遇暴雨产生的径流不成灾的排涝标准执行。

6.3.1.2　方案设计

植生混凝土生态护坡体系中，重要组成结构包含框格梁、基础固脚、植生混凝土多孔骨架、孔隙基质填充层、Ⅰ层营养土、Ⅱ层回填土、原状土壤基层、植被生长层。以下将对上述组成设计进一步阐述。

1. 框格梁

工程中对岸坡整体稳定性和安全性有一定的要求，虽然植生混凝土并不作为承载路面进行使用，抗压强度要求不小于 10MPa 即可，但是如果护坡设计中仅在坡面上浇筑植生混凝土而不做框格梁固坡处理，在地层扰动、河流冲刷、人类活动等不确定性因素下有破坏倾覆的可能性，采用框格梁＋植生混凝土护坡＋浆砌石挡墙固脚的护岸型式却能有效避免山体滑坡现象的出现，犹如壁垒般保证了城镇周边人民的安全。

框格梁顶梁、竖梁、底梁均采用矩形截面形式，截面尺寸为 0.2m×0.2m，纵向钢筋共布置 4 根 ϕ12 HRB400 钢筋，箍筋按 0.2m 间距布置 ϕ6 HPB300 钢筋。顶梁和底梁均用 C20 商品混凝土浇筑，每隔 5m 需要用聚乙烯低发闭孔泡沫板进行分缝处理，竖梁采用 C25 商品混凝土浇筑。

2. 基础固脚

埋石混凝土挡墙固脚顶宽 0.45m，埋石率 20%，采用 M7.5 砂浆对石块进行砌筑。基础为 C15 混凝土垫层，厚 0.1m。基础固脚的主要作用为承受来自坡面土壤及混凝土自重下的压力，防止岸堤体产生滑坡，同时还能起到抗水流冲刷的作用。

3. 植生混凝土多孔骨架

通过现场搅拌，利用铲车机械运送到指定施工标段进行人工摊铺，从以往研究分析结果来看，摊铺 10cm 厚度植生混凝土能够保证其整体强度。工程中取抗压强度不小于 10MPa，连续孔隙率不小于 21%，透砂率不小于 50% 作为强制性条文要求，保证其具备透水透气，净化水质等功能性特点。

4. 孔隙基质填充层

由于植生混凝土中本身没有任何能供植物生长的基质，反而孔隙中释放的碱性物质还会抑制其根茎的分蘖，同时植物根系无法从中汲取到营养成分，向下延伸的速率就会减慢，护坡效益也会因此大打折扣。通过在孔隙中填充一些基质土壤，能起到过渡层的作用，以供植被根系穿透混凝土层进入下方原状土壤，工程中采用压力灌浆的方式进行充填。孔隙基质填充层原料配比见表 6.3-1。

表 6.3-1　　　　　　　　　　孔隙填充基质填充层原料配比　　　　　　　　　　　%

天然土壤	泥炭土	SAP 吸水树脂	有机肥	硫酸亚铁
54	45	0.05	0.45	0.5

5. Ⅰ层营养土

采用如表 6.3-2 所示的营养土最佳配比，外购原材料后通过搅拌机将其混合均匀，通过人工摊铺至植生混凝土上方作为植物堆肥用土，能提供 N、P、K 等植物生长必备元素，起到缓释肥效的作用，该层厚度必须不小于 5cm。

表 6.3-2　　　　　　　　　　营养土所用材料及配比

天然土壤	泥炭土	蛭石与珍珠岩	石膏	有机肥	硫酸亚铁
50	42	4	3	0.5	0.5

6. Ⅱ层回填土

该层土壤取自Ⅲ-1层粉质黏土，具有良好的可塑性，遇水在自重下能将土层紧密压实，将其置于营养土层上方，并铺上 1cm 厚砂垫层能防止雨水冲刷带来的水土流失。该层厚度约为 5cm。

7. 原状土壤基层

该层位于植生混凝土骨架层下方，也是植物根系最终的定居点，无数植物根系犹如一根根锚杆般深深扎入坡体之中，植被、植生混凝土骨架、原状土壤三者之间形成一个联合护坡整体。一般在浇筑框格梁与植生混凝土前，都需要对该坡面进行土壤疏松、清除明显的杂物和整平处理。

8. 植被生长层

通过铺设草皮的方式对坡面进行绿化处理，修复因人为施工破坏的生态环境，提供景观效果，满足人们亲水性的需求。

根据上述方案，施工图纸由设计方给出，如图 6.3-2～图 6.3-4 所示。

6.3.1.3　施工组织设计

1. 施工总布置

本工程施工地点位于广州市增城区中新镇白苏塘陂闸下游河岸，具体区段为桩号 CB0＋269.00～CB0＋358.89。镇区周边有 324 国道、118 省道、中花路、苏塘路等区内关键对外交通要道连接，交通四通八达，十分便利。此外，工程区周围路面硬化程度较高，基本都有铺设水泥沥青路面，能直通河

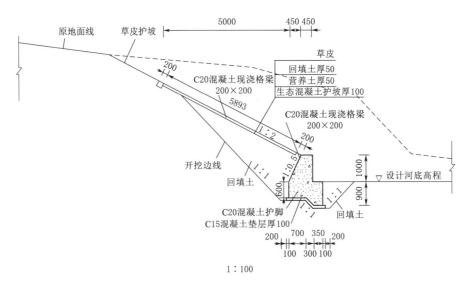

图 6.3-2　桩号 CB0+269.00~CB0+358.89 护岸断面 A（单位：mm）

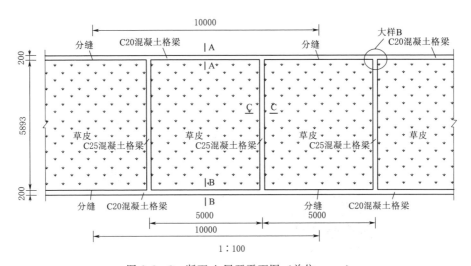

图 6.3-3　断面 A 展开平面图（单位：mm）

岸，最大程度上缩短了材料、器械设备的运输时间，提高施工效率。

　　因为本工程护岸施工需进行干水作业，故根据施工期洪水过流的需要，并结合河道基坑开挖大小、城北涌和外江水位等情况，通过上下游横向围堰的方法阻挡水流，河岸边埋管进行导流布置。同时在施工段起始桩号 CB0+269.00 处架立两岸临时运输通道。

　　工区就近合理布置，施工营地驻扎在施工段西南方位，步行约 500m。营地内设有饭堂、员工临时居住房、生产项目部工位、临时加工工厂以及库房，

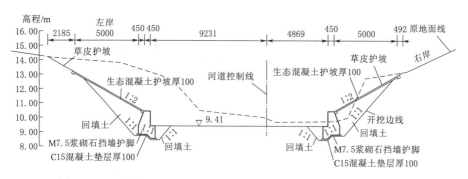

图 6.3-4 桩号 CB0＋269.00～CB0＋358.89 整体布局（单位：mm）

相关设施配套齐全，能满足工人日常生活与办公需求。

根据本工程特点，施工总工期安排预估 2 个月，其中施工准备工期为 2 周，主体工程施工期为 1 个半月，剩余工期主要是植被的日常养护打理工作，预计半个月后便能进入收尾阶段。

2. 现场施工流程

（1）河道开挖及坡面初步平整。根据设计图纸上的要求，对河道进行拓宽和清淤处理，同时用挖掘机等器械放出护坡基本工作面，如图 6.3-5 所示。

图 6.3-5 河道开挖及坡面整平

（2）修筑护脚、压顶。对河岸护脚施工部位进行放线，确定基础混凝土垫层埋深以及护脚基槽的开挖宽度和深度，挖出的土体可堆放在河道中线位置，并与基槽保持 1～2m 的距离，做好相关保护措施防止基槽被坍落土体掩埋。此外，施工阶段还要考虑降雨和地下渗水的影响，在河岸两旁需要开挖排水沟槽引流，必要时采用水泵进行抽排，详细施工见图 6.3-6。

（3）修坡并支模浇筑框格梁。在粗略放样的基础上对坡面进一步修整，确保坡比始终为 1∶2，对于坡面上较为显眼的废弃物品和体积较大的岩块要

图 6.3-6　修筑护脚、压顶

及时剔除，保持坡面整洁干净。工序验收合格后，对坡面支模隔框，利用泵车将混凝土输送到施工部位进行浇筑，并通过振动棒振捣密实，待硬化后覆上薄膜，洒水养护直至达到设计养护龄期，详细施工可如图 6.3-7 所示。

图 6.3-7　框格梁浇筑

（4）植生混凝土拌制。本次植生混凝土的制备采用搅拌机现场搅拌的方式，如图 6.3-8 所示。在正式搅拌之前，需按照本书 3.2 节中给出的最佳配合比进行试拌，并根据当地施工条件（天气、原材料等）调整减水剂用量，直至新拌混凝土呈现金属光泽，紧握成团。另外，每搅拌 100 锅混凝土需要留样检测，包括：150mm × 150mm×150mm 立方体试块 6 个，采用水养护，分别用于测试 7d、28d 的孔隙率、碱度、立方体抗压强度；顶

图 6.3-8　植生混凝土现场搅拌

面直径 180mm，底面直径 175mm，高 75mm 的圆台体试块 3 个，采用水养护，用于测试透砂率。

（5）植生混凝土运输、铺设及养护。植生混凝土搅拌好后通过铲车运送至指定位置。在浇筑前还需要在框格梁内覆上一层 1cm 厚的薄砂作为垫层，并洒水润湿其表面以增大混凝土与坡面之间的摩擦力。另外，由于现浇植生混凝土的坍落度很低，无流动性，因此不能像普通混凝土那样使用泵送的方式进行施工，故本次工程采取机械倾倒和人工摊铺的方法，每浇筑 0.1m³ 植生混凝土需用铁锹等工具拍附 10~20 下以密实，具体施工如图 6.3-9 所示。

图 6.3-9　植生混凝土铺设

浇筑混凝土 24h 之后（24h，是指阴天或日晒不太强烈的天气；如果在日晒强烈的天气，应缩短该时间间隔），浇水养护，使混凝土表面保持湿润，养护完成后整体效果如图 6.3-10 和图 6.3-11 所示。从中可看到整体浇筑情况优良，连通孔隙较多，满足工程设计的要求。

图 6.3-10　植生混凝土铺设效果　　图 6.3-11　植生混凝土铺设细部效果

（6）覆土植生与植被养护。混凝土浇筑 7d 之后，可配置 1% 浓度的硫酸亚铁溶液进行喷洒，以降低混凝土孔隙内碱度，确保植物前期良好的生存环境。随后，按照前面所述土层的分布情况开始灌注营养基质和覆土，如图 6.3-12 和图 6.3-13 所示。

图 6.3-12　填充孔隙基质和覆盖营养土层

图 6.3-13　完全覆土前后对比

工程护坡中选用草灌结合的绿植方式，在植生混凝土预留的 0.5m×0.5m×0.3m 的方格内种植红花檵木，其余均铺设大叶油草＋马尼拉草混合草皮，按满铺：散铺＝7：3 进行布置，并用锚钉将草皮固定在土壤中防止脱落，如图 6.3-14 和图 6.3-15 所示。

图 6.3-14　红花檵木种植

图 6.3 - 15　大叶油草＋马尼拉草混种草皮

　　铺草皮后，第一次浇水必须将土壤浇湿浇透，在半个月内，晴天，每天洒水 3～5 次；阴天，每天洒水 2～3 次。第二天，按尿素 $20g/m^2$ 的用量，将尿素均匀撒向草皮，随后洒水 1 次。(如果在小雨天气，撒尿素效果更好；大雨天气则不宜撒尿素)考虑到春季害虫可能大量繁殖，还需要喷施 $0.675g/m^2$ 农药，一季喷洒一次即可，具体施工如图 6.3 - 16 和图 6.3 - 17 所示。

图 6.3 - 16　人工洒水养护

图 6.3 - 17　植被整体铺设效果

6.3.2 其他植生混凝土工程应用案例

除了广州市增城区的生态护坡工程建设外，本书的植生混凝土生态护坡技术同样在惠州市白花河、江门市三堡河、江门市谭江等多地进行了工程应用，如图 6.3-18～图 6.3-20 所示。不仅极大地改善了沿河、沿岸土体与土坡垮塌、冲蚀的现状，提升了岸坡的安全性，而且很好改变了当地的生态环境，取得了良好的生态效益与社会效益。其中部分植生混凝土生态岸坡工程已成为网红打卡地，大大

图 6.3-18 惠州市白花河植生混凝土生态护坡工程

促进了当地经济的发展，实现了人与自然的和谐共生。

图 6.3-19 江门市三堡河植生混凝土生态护坡工程

图 6.3-20 江门市潭江（址山镇河段）植生混凝土生态护坡工程

6.3.3 植生混凝土工程应用总体评价

1. 经济效益

传统的植草砖护坡技术，植草砖（15cm 厚）预算价为 978.9 元/m³，该

项造价为 17.77 万元；广州市增城区工程采用本书的植生混凝土生态护坡技术后，植生混凝土（10cm 厚）成本为 695.1 元/m³，该项造价为 8.41 万元。两者相比较，新技术节约了工程造价 9.36 万元，工程造价节约幅度为 52.7%。

因采用传统的植草砖堤岸护坡，易发生坍塌，按经验，每年有 10% 的面积发生坍塌，每平方米维修费用为 412.7 元（清理坡面、更换新的植草砖与草、人工费之和），则每年节约维修费用 4.99 万元，按照该工程设计寿命 30 年计算，节约的维修费用总额为 149.7 万元（未考虑物价上涨因素）。

此外，本书的植生混凝土生态护坡技术可应用于坡度更陡的岸坡建设之中（坡度可达 45°），不仅很好缓减了部分岸坡工程建设用地紧张的困境，而且可以解决因多占地而导致工程造价攀升的矛盾。

2. 生态效益

城北涌整治工程属于河道整治工程项目，主要建设内容为河道清淤拓宽改造以及护坡护岸工作，其本质为非污染工程，具有较好的生态效益。一方面，河道经改造后减少了黑臭死水现象发生的可能性，为水生植物、浮游动物、底栖动物提供更好的生存环境，动植物群落丰富度得到提升的同时，也增强了河流的自净和排污能力。另一方面，植生混凝土生态护坡技术相比传统的普通混凝土硬化护坡技术，它能在满足边坡、岸堤安全及稳定性的基础上，利用自身多孔的特性搭建起一个完整的小型生态系统，赋予河岸更多的生态气息。与此同时，通过坡体生态与河道生态之间的相互作用，还能加速物质间的循环与增强生物间的信息传递，进一步提高生态系统的自我调节能力，最终打造出一片青山绿水、繁花似锦、生机勃勃的景象。

总体而言，城北涌整治工程完成后能加强河道和坡面的绿化效果，整体改善居民区附近的环境，其有利影响是主要并且长久的。虽然在施工期间不可避免地会对环境造成不利的影响，但采取适当的措施还是可以有效减免的，因此可认为该工程的生态效益能达到预期效果。

3. 景观效益

在施工之前，河段两岸杂草丛生，树木果林参差不齐，远远望去一片狼藉，不能形成较好的景观效果。工程完工后，在坡面上铺设了大叶油草＋马尼拉草混合草皮以及种植了红花檵木观赏苗，并在车辆通行道路两旁栽培了低矮灌木丛。从整体上看，灌草群落间错落有致，葱葱郁郁，给人们带来了极大的舒适感和视觉体验，满足城镇居民亲水观景的日常需求，拉进了他们与自然生态间的距离，符合当今时代发展的理念。

4. 社会效益

工程实施后，坡面上的植物、混凝土骨架、坡体土壤三者间形成的整体结构能起到固土保水，削弱地表径流的作用，同时减小因暴雨冲刷以及洪涝灾害导致的边坡垮塌的风险，造福沿岸人民，提高生活质量，有利于促进当地社会经济及其他各项事业的可持续发展。

6.4 植绿生态挡墙工程应用

6.4.1 植绿生态挡墙工程典型应用案例

6.4.1.1 恩平市太平河治理工程

应用单位：江门市科禹水利规划设计咨询有限公司（2019 年 5 月），来源《恩平市太平河治理工程初步设计报告》。

1. 工程概况

太平河发源于恩平市良西镇牛仔颈岭东侧，向东流经良西镇雁鹅、良东和圣堂镇三山、区村、水塘村委会以及君堂镇东北雁、太平、永华、江洲圩、堡城村委会后注入锦江，为锦江一级支流，流域面积 49.1km²，干流河长 19.43km，河道比降 0.1%。受南海海洋性气候影响，流域台风活动频繁，多年平均降水量为 2279mm。

太平河河道淤积严重，两岸杂草、灌木较多，部分河道被挤占，影响行洪，局部河段岸坡不稳，容易塌岸。上游段河道主河槽蜿蜒曲折，弯道众多；中游段较顺直；下游段多急弯，堤防迎流顶冲，多处堤脚已被冲刷淘空，出现塌方险情，威胁堤身安全。两岸大部分河堤建于 20 世纪 60 年代，多年来管理养护不足且没有进行过达标加固，存在不同程度的安全隐患。由于河流比降较大，且受锦江水位顶托，洪峰来势凶猛，水位上升得快，严重威胁附近城镇、村庄、农田等人民生命财产安全，存在较大安全隐患。特别是桩号 K9＋301～K9＋485 段，河道由顺直急转 90°，在 2008 年、2015 年和 2018 年 3 年均出现滑坡险情（图 6.4-1），亟须治理。

治理工程范围内保护对象为村庄、农田，人口均少于 20 万人，根据《防洪标准》（GB 50201—2014），防护等级为 Ⅳ 等，设计防洪标准为 10 年至 20 年一遇。按照中小河流的治理原则及《广东省中小河流治理工程设计指南（试行）》，保护农田区的河段治理宜以岸坡防冲、疏通和稳定河槽为主要目的，允许洪水在农作物耐受时间内淹浸农田，乡镇人口密集区的洪水标准取 10 年至 20 年一遇，村庄人口密集区的洪水标准取 5 年至 10 年一遇，农田因地制宜，按照 5 年一遇以下洪水标准或不设防考虑。同一条河流可根据不同区域的保护对象分区分段确定防洪标准。各防护区可根据实际情况对标准做适当调整。所以，君堂圩镇段（桩号 7＋120 至 12＋100 段）防洪标准取

图 6.4-1　桩号 K9+350 出险现场 (2018 年)

10 年一遇。根据《水利水电工程等级划分及洪水标准》(SL 252—2000) 和《堤防工程设计规范》(GB 50286—2013)，工程堤防级别为 5 级，主要建筑物级别为 5 级，次要建筑物及临时建筑物均为 5 级。

2. 植绿生态挡墙设计

由于出险堤段迎流顶冲，临水侧堤坡需要采取坚固的抗冲措施。工程上可选择的处理措施有多种，如浆砌石挡墙、混凝土挡墙、格宾石笼挡墙、混凝土预制块挡墙等，都具有很好的抗冲刷性能。传统的浆砌石挡墙、混凝土挡墙具有安全可靠、技术成熟等优点，但外表僵硬、陡立、缺乏生态特性。格宾石笼挡墙、混凝土预制块挡墙虽具有生态特性，但其耐久性尚没有得到长期检验，尤其是格宾石笼挡墙，当表层金属网破损后，就成为一堆块石散体。混凝土预制块挡墙较为单薄，一般应用于高度在 5m 以下、河段较为顺直的堤防边坡。

结合本工程实际情况，采用植绿生态挡墙，即将传统混凝土挡墙外墙面适当放缓，设置数排种植槽进行植绿，赋予传统混凝土挡墙生态性。为减小挡墙断面，将植绿生态挡墙直立式墙背改为仰斜式，可减少边坡开挖回填量，也节省混凝土用量，从而降低工程造价。

根据本书研究成果，植绿生态挡墙影响工程造价及生态性能的主要设计参数有：挡墙临水侧背水侧综合坡比、上下相邻两排种植槽的间距、种植槽壁厚、槽深、槽宽。上下相邻两排种植槽的垂直间距需考虑种植槽内植物高度可覆盖槽壁。种植槽壁厚度主要考虑抗水流冲击能力等以保证槽壁自身结构稳定性。种植槽净深与净宽主要考虑植物生长需要的土层厚度，草本花卉需要的土层厚度为 30cm，小灌木需要的土层厚度为 45cm。若条件允许，应尽量放缓临水侧综合坡比，减小上下相邻两排种植槽的间距，加大槽宽，力求在挡墙面上形成全覆盖的生态美景。

为在生态效果与工程造价方面取得相对平衡，一组较为经济、生态的设计参数为：挡墙临水侧综合坡比 1∶0.5、上下相邻两排种植槽的间距 80cm、种植槽壁厚 10cm、槽净深 40cm、槽净宽 30cm，见表 6.4-1。

表 6.4-1　植绿生态挡墙经济生态的设计参数与工程实际设计参数对比

挡墙参数	挡墙面综合坡比	相邻槽距 /cm	槽壁厚 /cm	槽净深 /cm	槽净宽 /cm	墙背坡比（仰斜式）
经济生态的设计参数	1∶0.5	80	10	40	30	1∶0.75
工程实际设计参数	1∶1.5	60~70	15	40	65	1∶0.6

根据太平河出险段地形与地质条件，经方案比选后，采用仰斜式植绿生态挡墙。在临水侧墙面上设置 4 排种植槽，上下两排相邻种植槽距为 60~70cm，种植槽净宽 65cm，净深 40cm，充填种植土厚 30cm，槽壁厚 15cm，挡墙面综合坡比为 1∶1.5，墙背综合坡比为 1∶0.6，见表 6.4-1。

3. 植绿生态挡墙施工及工程应用效果

从表 6.4-1 可知，本工程实际采用的设计参数较为宽松，挡墙面较缓，相邻槽距较小，槽壁较厚，槽净宽也较大，为形成生态效果提供了较好的条件。为防止水流冲刷淘空墙脚，在挡墙脚设置宽厚各 1m 的干砌石护脚。为增加挡墙结构稳定性，墙身设置了间距 2m 直径 50mm 的 PVC 排水管，并开口于种植槽内。这在降低挡墙后地下水位的同时，还可将挡墙后方地下水引入种植槽，为槽内植物提供水分。为减少水流对种植槽土体的不利冲刷，种植槽中每隔 50m 砌筑一道隔墙，并在种植槽底部开设小孔排除槽内积水，以利于植物生长。为增加种植槽的结构稳定性，施工中还在槽壁混凝土中配置了间距 0.5m 直径 8mm 竖向钢筋（图 6.4-2）。施工后的生态美景见图 6.4-3 和图 6.4-4。

6.4.1.2　陆河县富梅河治理工程

应用单位：汕尾市水利水电建筑工程勘测设计室，来源：《陆河县富梅河（河田镇段）治理工程初步设计报告》。

1. 工程概况

富梅河属于南告河一级支流，发源于上护镇与南万镇分界的高棚坳上的痢痢凸，流至共联村。该流域面积约 26km²，河流总长 15.4km，河床平均比降 0.0453。富梅河（河田镇段）河流治理工程位于河田镇北面螺河上游及南告和与南告河支流富梅河的交汇处的上流，工程整体位于富梅河库下游至富

图 6.4-2 桩号 K9+301～K9+485 出险
堤段植绿生态挡墙施工现场

图 6.4-3 太平河植绿生态
挡墙（建成）

图 6.4-4 太平河植绿生态挡墙生态美景

梅河与南告河交汇口上流 1.23km。

流域水量充沛，湿润多雨，山高坡陡，溪河狭窄，洪水汇流时间短，河水暴涨，易造成山洪灾害。受季风低压影响，2018 年 8 月 27 日 8 时开始，陆河县遭遇持续强降雨，至 9 月 1 日 8 时止，全县 8 个镇的降雨量全部超过 550mm，其中河口镇新河工业园区降水量达 1062mm。强降水造成大量水利设施被洪水损毁，其中左岸桩号 A5+575～A5+835 较为严重，沿河路堤坍塌（图 6.4-5），随后经抢险临时修复（图 6.4-6）。

图 6.4-5 2018 年"8·30"水毁段（左岸桩号 A5+575～A5+835）

图 6.4－6　2018 年"8·30"水毁临时修复后情景

2. 路堤加固的植绿生态挡墙设计

路堤加固设计以"满足河道体系的防洪功能，有利于河道系统生态"为原则，结合流速、景观等因素，因地制宜，就地取材。堤型的选择除满足工程渗透稳定和滑动稳定等安全条件外，还应结合生态保护或恢复技术要求。由于受占地限制，只能选择挡墙加固型式。为此，提出两种方案供比选：混凝土植绿生态挡墙、格宾石笼挡墙（表 6.4－2）。

表 6.4－2　　　　　　　　　路堤加固设计方案比选

备选方案	造价	施工实施	使用及运行管理	生态性	比较结论
植绿生态挡墙	造价较高	机械化施工进度快施工方便、质量容易保证	整体性好、耐久性好	生态性较好	推荐方案
格宾石笼挡墙	造价较低	施工进度快，施工方便可水下施工	整体性较好、运行时容易挂垃圾需经常维护耐久性一般	生态性好	比较方案

左岸桩号 A5＋575～A5＋835 为"8·30"洪水冲毁最为严重段，且沿岸村庄、人口密集。原护岸为自然护坡，护岸顶相对河底最高为 4.3m。因为该段紧临村庄，且护岸边有一条村公路，护岸陡高，无防护措施，坡式护岸的条件极其困难，结合现状地形特点、工程目的以及生态治理的角度综合而言，该段设计采用重力式混凝土植绿生态挡墙，墙顶设仿木混凝土护栏。

具体设计参数为：由于挡墙高为 5.30～5.50m，临水侧墙面上设置 5 排生态种植槽，相邻槽距 1.0m，槽深 40cm，槽宽 40cm，壁厚 10cm。图 6.4－7 为左岸桩号 A5＋750 设计剖面图。

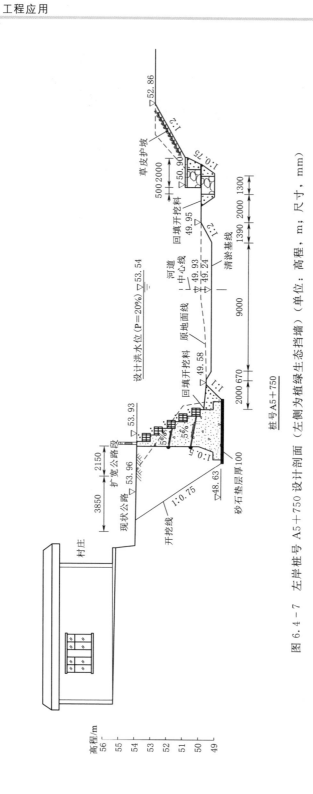

图 6.4-7　左岸桩号 A5＋750 设计剖面（左侧为植绿生态挡墙）（单位：高程，m；尺寸，mm）

3. 植绿生态挡墙施工及工程应用效果

根据工程实际情况，施工中没有采用种植槽与墙身混凝土同时浇筑，而是采用先阶梯后砌筑槽壁的施工方法（图6.4-8～图6.4-10）。

图6.4-8　先阶梯后砌筑槽壁
施工方法（先阶梯）

图6.4-9　先阶梯后砌筑槽壁
施工方法（后砌筑槽壁）

6.4.1.3　锚固式生态挡墙的应用——欧阳支涌治理工程

应用单位：广东珠荣工程设计有限公司，2020年6月。来源：《欧阳支涌堤岸工程（广州中学段）勘察设计施工总承包初步设计报告》。

1. 工程概况

欧阳支涌（广州中学段）位于广州市天河区凤凰街道广州中学（凤凰校区）周边。欧阳支涌包括：广州中学南侧欧阳支涌的主河涌（以下简称

图6.4-10　先阶梯后砌筑槽壁施工
方法实施效果（后砌筑槽壁）

"主涌"）和西北侧欧阳支涌的支涌，即金融学院北涌（以下简称"北涌"）。欧阳支涌是车陂涌的支流，主涌发源于凤凰山榄元水库，干流长4.51km，流域面积6.04km²，经沙东新村、广州中学（凤凰校区）后通过箱涵流经广东金融学院，最后流入树木公园并汇入车陂涌。主涌榄元水库以下至金融学院段干流长1.26km、榄元水库以上干流长度约1.87km，总长约3.13km，集雨面积1.69km²（包括榄元水库集雨面积0.73km²），现状河道为一天然无序小河涌，河涌大部分处于丘陵地区，河道迂回曲折，综合平均坡降28‰。北涌起源于天河区北部凤凰山，干流长度约2.09km，集雨面

积 0.72km²，河涌大部分处于丘陵地区，河道迂回曲折，综合平均坡降 57‰。

欧阳支涌治理工程主要任务是以防洪、排涝为主，兼顾改善水环境、水生态、美化城市等。河道两岸为村庄、学校，全长 4.51km，现状河宽 8～20m，流域面积 6.04km²。多年平均降水量为 1670m，多年平均气温为 21.8℃。现状河线迂回曲折，漫滩杂乱，综合平均坡降 28‰，20 年一遇设计洪水流量为 21.98m³/s。区域地质构造相对稳定。河道两岸地层主要为人工填土、淤泥质粉质黏土、粉质黏土、中粗砂等。

2. 河道堤防断面设计

本工程两岸人口密集，河道治理工程用地空间受限。经方案比选，两岸堤防采用传统挡墙的生态技术，既具有安全可靠性，又具有生态特性。堤防下部，采用外墙陡立的混凝土挡墙，墙高为 4.0m，坡比为 1∶0.15。堤防下部挡墙面上锚固的生态槽净宽为 0.45m，净深为 0.48m，工程塑料制作。首先，支架被锚固于下部挡墙面，然后生态槽被固定于支架内。在堤防上部，斜坡式挡墙被采用。墙高为 1.5m，坡比为 1∶1.7。生态槽布置于墙面上，格宾网石笼作为槽壁，厚度为 0.3m，高度为 0.45m。整体设计效果如图 6.4 - 11 所示。

图 6.4 - 11　植绿生态挡墙设计效果图

3. 实施效果

根据当地自然地理、气候、河道水文条件，选配适宜的景观植物，并布置自动浇灌系统。治理工程完工后，形成美化生态环境、提供动物生存空间等多种功能的生态挡墙，促进了人水和谐共生，采用植绿生态挡墙设计的欧阳支涌堤岸工程（广州中学段）实施效果如图6.4-12和图6.4-13所示。

图6.4-12　河道治理工程竣工
时的生态效果

图6.4-13　河道治理工程竣工后
5个月的生态效果

6.4.2　植绿生态挡墙应用总体评价

1. 经济效益

对使用混凝土、浆砌石等材料的圬工挡墙，考虑在临水侧墙面上设置数排生态种植槽以进行植绿。为减小挡墙断面，将植绿生态挡墙直立式墙背改为仰斜式，可减少边坡开挖回填量，也节省混凝土用量，从而降低工程造价。将阶梯式挡墙调整为仰斜式挡墙，直立的墙背调整为1∶0.25的坡比。在墙底设置凸榫或齿墙，既可增加抗滑力，又可减小墙体断面。断面优化后，混凝土量及模板量均有所降低。此外，在墙脚处设高0.50m的格宾笼，既可护脚防冲，又可缩小底排种植槽顶与河床的高差，优化后的植绿生态挡墙造价为7318.36元/m，较传统挡墙减少了1426.38元/m，较阶梯式挡墙减少了2000.01元/m，降幅分别为19.49%、27.33%。

2. 生态效益

植绿生态挡墙以传统混凝土挡墙为基础，通过在墙面上设置数排种植槽，赋予传统混凝土挡墙以生态特性。植绿生态挡墙充分利用混凝土挡墙临水侧的仰斜面，在墙面上设置数排生态种植槽，在槽内充填种植土，根据当地气候、气象、水文、设计水位、常水位条件及景观要求，选择适宜的景观植物。混凝土挡墙临水侧可达到植被全覆盖的生态效果，为动植物提供生长栖息空间，充分体现以人为本、人水和谐共处的治水理念。

3. 社会效益

通过植绿生态挡墙应用，结合乡镇发展规划、沿岸乡村的生态文明村建设发展及美丽乡村建设等需求，在城镇河边段重点打造自然生态、优美和谐的滨河绿道，努力创造环境优美、宜居宜游的自然生态河流，营造人与自然和谐共处的水域空间。另外，植绿生态挡墙既适用于新建挡墙，也适用于对现有挡墙的改造，既可用于水利行业的河湖整治，也可用于公路、铁路等其他行业。

第7章

结 论 与 展 望

　　新时期国家大力推动生态文明建设，倡导绿色低碳发展，努力构建人与自然和谐共生的新局面，为满足人民群众对美好生活的需要，在河库岸坡治理中更加注重生态和景观建设，增添河库岸坡生态绿化效果。与国内外已有技术相比，河库岸坡生态建设技术安全系数更高、生态效果更好、性价比更高。该技术不仅可显著节约工程造价，还能达到河库岸坡植被全覆盖的生态效果，为动植物提供了生长栖息空间，充分体现以人为本、人水和谐的治水理念。同时，通过该技术的应用，大力推动生态文明和美丽乡村建设，达到生态和景观绿化效果，满足人们休闲、观赏等需求。

　　同时也应该看到，由于不同河库岸坡的坡面条件差异较大，河湖岸坡生态建设技术的适用范围还需进一步扩展；并且，由于我国南北气候差异巨大，北方地区冬季气温较低，受季节交替变化影响，南方夏季炎热、多雨潮湿，在不同区域中推广河湖岸坡生态建设技术的应用，对相关结构、材料等有待进行更深入的研究。

　　随着科学技术的不断进步和国家对生态环境保护的重视，河湖岸坡生态建设技术的发展趋势可以预见，未来该技术的研究将更加深入，通过引入更加环保的材料和技术，进一步降低河库岸坡工程对环境的影响；随着城市化和基础建设的推进，未来的应用前景将更加广泛。同时，随着人们生态环保意识的提高和应用成本的降低，该技术的应用也会更加普及。

参 考 文 献

［1］ 申新山，高泗强. 新型环保椰纤维植被毯在生态治理中的推广应用［J］. 中国园艺文摘，2011，27（5）：84-85.

［2］ 张海彬. 生物活性无土植被毯边坡防护技术［J］. 路基工程，2012（6）：163-165.

［3］ 岳桓陛，杨建英，杨旸，等. 边坡绿化中植被毯技术保水效益评价［J］. 四川农业大学学报，2014，32（1）：23-27.

［4］ 林恬逸，唐健，赵惠恩. 北京地区轻型屋顶绿化植被毯多植物配植模式初探［J］. 中国农学通报，2015，31（31）：181-186.

［5］ 袁清超，牛首业，赵廷华，等. 石质边坡防护中生态植被毯水土保持效果研究［J］. 人民长江，2017，48（17）：34-36.

［6］ 马贵友. 水保植生毯在坡面保护中的应用浅析［J］. 水利技术监督，2018（3）：164-166，199.

［7］ 郭宇，王树森，马迎梅，等. 植被毯对内蒙古清水河县黄土丘陵沟壑区黄土边坡产流产沙量的影响［J］. 水土保持学报，2019，33（6）：61-71.

［8］ 姚凯，曾坤翔，钟玉健，等. 基于有机材料-三维植生毯技术的黄土边坡抗降雨侵蚀试验研究［J］. 人民珠江，2020，41（12）：32-39.

［9］ 徐剑琼，曾琼，陈军，等. 华南地区2种鸭跖草科植物轻型植被毯种植技术研究［J］. 热带农业科学，2021，41（3）：59-67.

［10］ 孙义秋. 水土保持措施对黑土农田浅沟侵蚀的防护效果研究［D］. 天津：天津理工大学，2022.

［11］ 赵航，方佳敏，付旭辉，等. 河道生态护坡技术综述［J］. 中国水运，2020（11）：113-116.

［12］ 田鹏，付旭辉，唐定丹，等. 水库消落带新型护岸结构性能研究［J］. 广东水利水电，2020（8）：68-72.

［13］ 袁海龙，刘莉. 三峡库区下洛碛库段消落带生态护岸方案［J］. 水运工程，2022（1）：140-143，149.

［14］ 喻紫竹. 重庆长江航道广阳岛右汊段消落带治理措施［J］. 水运工程，2022（S2）：95-98，118.

［15］ 付旭辉，龚敖，刘志庆，等. 渗流作用下特拉锚垫对土质岸坡的防护研究［J］. 水运工程，2022（9）：161-165.

［16］ 今井实. 植生コンクリートーのり面一. コンクリート工学［J］. 1998，36（1）：24-26.

［17］ T OKAMOTO，N MASUI. Manufacture of porous concrete［J］. Journal of Korea Concrete Institute，2000，12（5）：29-32.

[18] O TAKAHISA, et al. Manufacture, Properties and test method for porous concrete [J]. Journal of Japan Concrete Engineering, 1998, 36 (3): 52 – 62.

[19] PARK S B, MANG T. An experimental study on the water – purification properties of porous concrete [J]. Cement and Concrete Research, 2004, 34 (2): 177 – 184.

[20] C L Y, GE Z. Optium mix design of enhanced permeable concrete – An experimental investingation [J]. Construction and Building Materials, 2010, 24 (12): 2664 – 2671.

[21] SUMANASOORIYA M S, NEITHALATH. Pore structure features of pervious concretes proportioned for desired porosities and their performance prediction [J]. Cement and Concrete Composites, 2011, 33 (8): 778 – 787.

[22] KIM H H, LEE S K, PARK C G. Carbon Dioxide Emission Evaluation of Porous Vegetation Concrete Blocks for Ecological Restoration Projects [J]. Sustainability, 2017, 9 (3): 318.

[23] WAICHING TANG, EHSAN MOHSENI, ZHIYU WANG. Development of vegetation concrete technology for slope protection and greening [J]. Construction and Building Materials, 2018, 179 (8): 605 – 613.

[24] 奚新国, 许仲梓. 低碱度多孔混凝土的研究 [J]. 建筑材料学报, 2003 (1): 86 – 89.

[25] 魏涛, 张兰军, 张华君. 植被混凝土坡面防护技术应用及防护效果生态调查 [J]. 公路交通技术, 2005 (5): 126 – 132.

[26] 蒋友新, 张开猛, 谭克峰, 等. 植生型多孔混凝土的配合比及力学性能研究 [J]. 混凝土, 2006 (12): 22 – 24.

[27] 杨久俊, 严亮, 韩静宜. 植生性再生混凝土的制备及研究 [J]. 混凝土, 2009 (9): 119 – 122.

[28] 黄剑鹏, 胡勇有. 植生型多孔混凝土的制备与性能研究 [J]. 混凝土, 2011 (2): 101 – 104.

[29] 颜小波. 多孔生态混凝土的制备与性能研究 [D]. 济南: 济南大学, 2013.

[30] 王永海, 王伟, 周永祥, 等. 植生混凝土孔隙碱环境改善措施的试验研究 [J]. 新型建筑材料, 2015, 42 (1): 5 – 7.

[31] 高文涛. 新型抗冻植被混凝土关键技术及性能研究 [D]. 泰安: 山东农业大学, 2016.

[32] LAIBO LI, MINGXU CHEN, XIANGMING ZHOU, et al. Evaluation of the preparation and fertilizer release performance of planting concrete made with recycled – concrete aggregates from demolition [J]. Journal of Cleaner Production, 2018, 200: 54 – 64.

[33] 赵敏. 华南地区入侵植物制备生物炭的特性及其对水体 Cd^{2+}、Cu^{2+} 吸附效果研究 [D]. 广州: 华南农业大学, 2023.

[34] SEIFERT A. Naturnäherer Wasserbau [J]. Deutsche Wasserwirtschaft, 1983, 33 (12): 361 – 366.

[35] LAUB B G, PALMER M A. Restoration ecology of rivers [J]. Encyclopedia of In-

land Waters, 2009 (1): 332 - 341.

[36] ODUM H T. Environment, power, and society [M]. New York: John Wiley & Sons, 1971: 60 - 95.

[37] ROY R LEWIS III. Ecological engineering for successful management and restoration [J]. Ecological Engineering, 2005, 24: 403 - 418.

[38] HESSION W C, JOHNSON T E, CHARLES D F, et al. Ecological benefits of riparian restoration in urban watersheds study design and preliminary results [J]. Environmental Monitoring and Assessment, 2000, 63: 211 - 222.

[39] NARUMALANI S, ZHOU Y C, JENSEN J R. Application of remote sensing and geographic information systems to the delineation and analysis of riparian zones [J]. Aquatic Botany, 1997 (58): 393 - 409.

[40] KATSUMISEKI, KOJI AWA. Project for Creation of Rivers Rich in Nature - Toward Richer Natural Environment in Towns and Watersides [J]. Journal of Hydroscience and Hydraulic Engineering (Special issues), 1993, 4: 86 - 87.

[41] 戴尔. 米勒, 赵坤云, 等. 美国的生物护岸工程 [J]. 水利水电快报, 2000 (24): 8 - 10.

[42] 刘晓涛. 城市河流治理若干问题的探讨 [J]. 规划师, 2001 (6): 66 - 69.

[43] 李丰华, 柴华峰, 白明, 等. 生态挡墙在航道护岸工程中的应用 [J]. 水运工程, 2014 (12): 122 - 124, 129.

[44] 孟良胤, 章来军, 周之静, 等. 石笼网生态挡墙在景宁县鹤溪河治理中的应用 [J]. 2017 (1): 86 - 88, 95.

[45] 邵俊华. 河道整治工程中自嵌式生态型挡墙的应用 [J]. 珠江水运, 2018 (16): 82 - 84.

[46] 陈萍, 任柯, 申新山. 退台式透水混凝土砌块挡墙在河道护岸中的应用 [J]. 中国水土保持, 2018 (8): 23 - 26.

[47] 谢三桃, 朱青. 城市河流硬质护岸生态修复研究进展 [J]. 环境科学与技术, 2009, 32 (5): 83 - 87.

[48] 李新芝, 王小德. 论城市河道中直立式护岸改造模式 [J]. 水利规划与设计, 2009 (6): 60 - 63.

[49] 顾海华, 杨晓康. 河道生态护坡类型探讨 [J]. 城市道桥与防洪, 2011, 6 (6): 127 - 129.

[50] 金晶, 张饮江, 董悦, 等. 湖滨带直立式硬质驳岸特征与生态景观构建模式探析 [J]. 上海海洋大学学报, 2013, 22 (2): 246 - 252.

[51] 吴凤环. 直立式砼护岸生态化改造方法的研究 [D]. 广州: 华南理工大学, 2013.

[52] 朱伟, 杨平, 龚淼. 日本"多自然河川"治理及其对我国河道整治的启示 [J]. 水资源保护, 2015, 31 (1): 22 - 29.

[53] 马骏, 陈一梅, 冯晓, 等. 内河护岸工程材料护岸效果与评价体系研究 [J]. 珠江水运, 2012 (2): 87 - 89.

[54] 李秉晟, 李就好, 王浩, 等. 基于太阳能的生态挡土墙自动灌溉系统研究 [J]. 广

东水利水电，2020（4）：84-88.

[55] 日本（株）建设技术研究所. 水保植生毯工法水力实验报告书［R］，平成 15 年10 月.

[56] 叶合欣，黄锦林，王德昊，等. 日本植生毯抗冲流速试验及评价［J］. 人民珠江，2019，40（8）：85-89.

[57] 黄锦林，叶合欣，王德昊，等. 植生毯在滇江治理工程中的应用［J］. 广东水利水电，2019（11）：63-66.

[58] 黄锦林，王立华. 绿化混凝土在中小河流治理工程中的应用［J］. 水利建设与管理，2016，36（9）：59-63，41.

[59] Song－song He, Chu－jie Jiao, Song Li. Investigation of mechanical strength and permeability characteristics of pervious concrete mixed with coral aggregate and seawater［J］. Construction and Building Materials，363（2023）：129508.

[60] 欧旭，焦楚杰，何松松，等. 干湿循环作用下植生混凝土抗硫酸盐侵蚀试验研究［J］. 混凝土，2022（7）：174-177.

[61] 焦楚杰，谭思琪，崔力仕，等. 基于神经网络的植生型多孔混凝土抗压强度预测模型［J］. 混凝土，2022（1）：7-10，16.

[62] 谭思琪，焦楚杰. 基于正交试验法的植生混凝土强度与碱性研究［J］. 混凝土，2020（10）：146-150.

[63] 焦楚杰，彭兰，谭思琪，等. 植生混凝土成型方式研究［J］. 混凝土，2021（12）：128-131.

[64] 黄文杰，焦楚杰，彭兰，等. 植生混凝土的制备工艺与物种选择［J］. 新型建筑材料，2019，46（11）：37-41.

[65] 袁以美，叶合欣，陈建生. 阶梯式生态挡墙及砌体槽壁参数确定方法［J］. 人民黄河，2020，42（8）：127-130.

[66] 袁以美，叶合欣，陈广海. 植绿挡墙在叉仔河治理工程中的应用及设计优化［J］. 中国农村水利水电，2020，451（5）：87-91.

[67] 袁以美，叶合欣，罗日洪. 植绿生态挡墙及自动浇灌系统研究［J］. 中国农村水利水电，2020，450（4）：177-180，185.

[68] 袁以美，陈建生. 一种新型挡墙生态凹槽参数确定方法及造价分析［J］. 人民珠江，2019，40（5）：8-11，17.

[69] 袁以美，叶合欣，陈建生，等. 仰斜式挡墙植生方法及工程应用［J］. 人民珠江，2019，40（10）：39-42.

[70] 袁以美，叶合欣，陈建生. 生态管理视角下一种新型挡土墙的设计及应用［J］. 人民珠江，2018，39（9）：43-46.

[71] 袁以美，何民辉. 植绿生态挡墙在太平河堤防加固工程中的应用［J］. 广东水利水电，2020，293（7）：33-37.

[72] 袁以美，张军，叶合欣. 混凝土生态挡墙在富梅河治理工程中的应用［J］. 甘肃水利水电技术，2019，55（2）：20-23.

[73] 王庆，黄锦林，陈仲策，等. 广东省河道植物调查及河道治理植物选择初探［J］.

广东水利水电，2021 (8)：107 - 111.

[74] 罗日洪，黄锦林，叶合欣. 城市河道直立硬质挡墙生态化改造 [J]. 广东水利水电，2022 (2)：68 - 73.

[75] 黄锦林，叶合欣，罗日洪，等. 埋石混凝土植绿生态挡墙在山区河道治理工程中的应用 [J]. 广东水利水电，2023，325 (3)：14 - 17，23.

[76] 罗日洪，黄锦林，叶合欣，等. 河道直立式挡墙植绿生态槽锚固设计方法 [J]. 广东水利水电，2023 (4)：21 - 25.